니꼴라드바리의
예술적 향수

Mes Recettes de Parfums
ⓒ Nicolas De Barry, 2017
Korean translation rights ⓒ Champs D'arôme Éditions 2023
All rights reserved.

This edition is published by arrangement with Nicolas de Barry.

이 책의 한국어판 저작권은 저자 Nicolas de Barry와의 독점계약으로
샹다롬 에디션에 있습니다.
저작권법에 의하여 한국 내에서 보호를 받는 저작물이므로 무단전재 및 무단복제를 금합니다.

니꼴라드바리의
예술적 향수

세계적인 조향사 니꼴라드바리만의 향수 세계로 떠나는 특별한 여정

니꼴라드바리Nicolas de Barry 지음
강연희, 유상희 옮김

엘자Elza에게,

그래픽 디자인 | 폴린 에슈니에Pauline Eychenié

www.nicolasdebarry.com

목차

저자 소개	9
서문	10
태고에서 시작된 향수	13
– 향수 문명의 용광로, 지중해	14
– 르네상스부터 프랑스 제1제국까지	18
– 현대 향수 회사의 탄생	22
향수의 원료	29
– 동방 향신료 로드	30
– 에센셜 오일 추출 기술	33
– 현대 : 합성 재료	34
– 60여 가지 기본 에센셜 오일	37
현대 향수 산업	63
– 산업 시대의 향수	64
– 향기의 유행	68
레시피 수첩	71
– 창작의 기술	73
– 향수를 어떻게 구성할까?	74
– 향수를 어떻게 제조할까?	80
– 시프레 베이스 레시피	83
시프레 계열	84
– 시프레 베티버	86
– 시프레 패츌리	87
– 시프레 블랙베리	89
오리엔탈 향수	90
조르주 상드의 향수	93
고대 이집트의 키피	94
손수건용 향수	97
버킹엄 궁전 부케	98
외제니 황후 부케	101
조키 클럽 부케	102
클래식 오드콜로뉴	105
오드콜로뉴, 잉글리시 라벤더	106
헝가리 여왕의 물	108
최음 향수	110
– 생강과 패츌리	111
– 사막의 향수	113
– 아랍의 우드	114
솔리플로르	116
– 아이리스 솔리플로르	117
– 네롤리 솔리플로르	118
– 자스민 솔리플로르	119
– 장미 솔리플로르	120
– 은방울꽃 솔리플로르	121
아이를 위한 바닐라	122
밤과 연고	125
– 프란지파니에꽃 콘크리트	126
– 이모르뗄(헬리크리섬)꽃 콘크리트	126
– 금작화 콘크리트	127

- 바이올렛 콘크리트	127
아로마 워터	128
향수 보석과 포맨더	131
집을 위한 향수	132
- 시더우드-시나몬 실내용 향수	134
- 오렌지-이모르뗄 실내용 향수	134
- 제라늄-시트로넬라 실내용 향수	135
마사지 향수 오일	136
- 안티스트레스 마사지 오일	138
- 안티셀룰라이트 마사지 오일	138
- 에로틱 마사지 오일	139
- 릴렉싱 마사지 오일	139
만다린 샴푸	141
- 전원향 오일	142
- 오리엔탈 오일	142
- 헤어 오일	143
향수 비누	144
- 나만의 베이스 비누 만들기	146
- 자몽향 마르세유 비누	147
입욕 향수 솔트	148
향초	150
향수 편지지	152
향료가 든 리큐어	154
- 장미 리큐어	155
- 맑은 오렌지꽃주	156
- 히포크라스 (향료를 넣은 포도주)	157
향식초	159
- 오스만투스향 식초	159
- 해수욕 후 식초	160
- 여행 식초	160
용어	162
참고문헌	173
유용한 주소	176
니꼴라드바리 마스터 클래스	177
감사 인사	178
Credit	179

저자 소개

니꼴라드바리는 조향계에서 독특하고 독보적인 이력을 지녔다. 사회학 박사학위를 취득하고 작가와 외교관으로서 경력을 쌓아온 뒤 40년간 조향에 전념해왔다. 브라질에서 큰 성공을 거둔 후 프랑스 루아르에서 조향사로서 명성을 굳혔다. '역사적인 향수' 컬렉션이나 '100% 천연 향수'와 같은 희귀 향수를 탄생시켰다. 2011년에는 문화 예술사에 기여한 공로로 '문화예술 기사Chevalier des Arts et Lettres' 작위를 받았다. 향수에 관한 다수의 책을 집필하고 출간했으며, 대표 저서로 《L'Inde des Parfums》(Garde-Temps Editions), 《l'ABCdaire des parfums》(Editions Flammarion), 《101 parfums à découvrir》(Editions Dunod) 등이 있다. 루아르 계곡le Val de Loire의 캉드생마르탱Candes Saint Martin에 있는 자신의 아틀리에와 프로방스에 있는 센티플로르 연구소Laboratoire Centiflor를 비롯, 해외에서는 마데이라의 레이즈 팰리스(오리엔트 익스프레스 그룹), 발리의 세인트 레지스 리조트(스타우드 그룹), 뉴델리의 타지 팰리스, 생모리츠의 쿨름 팰리스 등 세계 각지에서 조향 마스터 클래스를 진행하고 있다.

그는 또한 '오뜨 꾸뛰르Haute couture'에 해당하는 '오뜨 퍼퓨머리Haute Parfumerie' 개인 향수의 창작자로도 유명하다. 니꼴라드바리는 그의 예술적 향수 학사원L'Institut Nicolas de Barry pour la parfumerie artistique을 통해 문화, 교육 및 자선 활동으로 행보를 확장하고 있다.

서문

향수의 세계보다 더 신비로운 세계가 있을까? 유행하는 향수의 광고문구에서 가끔 존재가 언급될 뿐 일반 대중은 이름을 잘 알지 못하는 조향사만큼 그 진가를 인정받지 못하는 예술가가 있을까?

향수는 줄곧 사회생활의 중심에 있었다. 보통 조향사는 주목받지 못하지만 향의 연금술은 이집트와 그리스 신전, 솔로몬 성전, 조로아스터 사원뿐 아니라 클레오파트라와 네로 황제, 시바의 여왕의 궁전에서도 칭송되었고, 메디치가 궁전, 베르사유 궁전, 페르시아 정원, 중국 황제의 정원은 물론 일반 가정에서도 찬양의 대상이 되었다. 향수는 흔히 의술과 연금술, 더 나아가 마술과 주술 행위와 밀접하게 관련되었기 때문이다. 르네 르 플로랑탱이라 불리던 르네 비앙코는 프랑스 앙리 2세의 왕비 카트린 드 메디시스의 조향사이자 심복이었다. 알렉상드르 뒤마는 소설 《여왕 마고》에서 르네 비앙코를 왕실의 독약을 조제한 인물로 그려내기도 했다.

고대로부터 현대에 이르기까지 유행을 만들어낸 이들이 바로 이 그림자 같은 조향사들이었다. 이들은 무역 상인들이 동양에서 가져온 진귀한 에센스를 능숙하게 다루면서 저 멀리서 온 후각 세계에 신비를 더했다.

루이 14세 시기와 19세기에 오드콜로뉴Eau de cologne[1]가 프랑스 전역을 휩쓸었다. 수줍음이 많고 목욕을 극도로 꺼렸던 태양왕 루이 14세와 나폴레옹은 보통 사람들은 감당 못할 정도로 체계적인 마사지를 위해 하루에도 몇 번씩 이 화장수를 즐겨 사용했다.

이슬람 문화권에서는 오늘날에도 널리 사용되고 있는 증류수를 선호했다. 특히 각 가정에서 증류한 오렌지꽃수와 장미수는 은은하게 향을 더하기 위해 얼굴과 손 등 몸 전체는 물론 의류와 침구 그리고 요리와 음료에 사용되었다.

---

1) '콜로뉴의 물'이라는 뜻으로 콜로뉴는 쾰른의 프랑스명이다. 1709년 독일 쾰른에서 이탈리아 조향사 조반니 마리아 파리나(Giovanni Maria Farina, 1685~1766)가 만든 향수 제품의 일종으로, 부향률이 3~5% 정도로 오드뚜알렛보다 적으며 지속시간은 1~2시간이다.

그라스에서 만들던 '콩크레타Concrétas[2]'와 같은 향유 연고 또한 과거의 훌륭한 유산이다. 고형물과 순수 에센셜 오일의 정교한 혼합물, 이보다 완벽한 제품이 있을까? 귀 뒤에 살짝 바르면 그 사람의 개성을 드러내고 베개에 지워지지 않는 향을 남길 수 있다.

오늘날 우리는 그러한 우아함과는 거리가 멀다. 비록 요거트, 치약은 물론 세제와 자동차까지 거의 모든 제품에 향을 입히고, 물건 판매를 유도하기 위해 가게에 좋은 향이 나게 하는 것이 요즘의 유행이지만 말이다. 머지않아 수표에도 인공 복숭아 향이나 장미 향이 나도록 만들지 모른다.

이 책을 통해 자신이 직접 향수를 만들어보면서 이 같은 감각의 조화에 참여하고 싶은 열망이 모든 사람의 마음에 되살아나길 바란다. 예전에는 향이 나는 식물과 꽃을 찾아 들판으로 나가고 정원에 옛 장미를 손수 키워 겨울나기용 향료 단지와 향수 비누를 만들고 천여 가지의 요리용 향신료를 비축했다.

이 책에서 이런 모든 관습과 레시피를 발견하게 될 것이다. 그리고 처음 상상했던 것보다 훨씬 방대한 향의 세계로 인도될 것이다. 신체뿐만 아니라 영혼을 자극하고, 향기뿐 아니라 건강까지 돌보는 향의 세계. 그 가장 내밀한 본질에는 자연철학이 있다.

손수 만든 향수는 시간과 인내심, 느림과 명상이 필요한 일상생활 속 스트레스의 해결책이다. 우리가 샤워 후 '칙' 하고 버튼을 누름과 동시에 스프레이에서 향이 재빠르게 뿜어 나오는, 세면대에 놓인 우아하지만 대부분 화학적으로 만들어진 향수는 아니다.

처음 피부에 향수를 대보는 훈련을 통해 자신의 정체성을 발견하게 될 것이다. 왜냐하면 개인마다 고유의 향을 가지고 있고 다른 향에 제각기 다르게 반응하기 때문이다. 패션과 유행, 관습과는 별개이다. 가장 이상적인 것은 모든 사람에게 향수를 만들어주는 것, 더 나아가 자신의 취향과 충동, 후각 기억을 조절하면서 자유롭게 선택하며 직접 자신만의 향수를 만들어보도록 하는 것이다.

이 책을 천연 재료로 모든 형태의 향수를 차근차근 만들어보고 직접 사용하는 즐거움을 발견하기 위해 자신의 시간을 할애하기로 마음먹은 모든 이에게 바친다.

---

[2] 1925년, 프랑스 향수 브랜드 몰리나르에서 천연 밀랍으로 만든 최초의 고체 향수.

태고에서 시작된 향수

향수는 아주 오래전부터 이어져 온 관습이기에 그 탄생 시점을 추정하기가 어렵다. 모든 고대 문명의 신화와 의식에서 향수가 차지하는 위상은 각별했다. 기술이 고도로 발달했지만 우리의 자연적 뿌리와는 단절된 금세기보다 그 시대에 우리의 가장 '동물적인' 감각이 더 꽃피웠듯 말이다.

동방에서 건너온 에센스는 현세의 위인뿐 아니라 신들조차 욕망하던 대상이었다. 그리스인들의 말에 따르면 신들은 향수를 무척 좋아했다고 한다. 우리 조상들의 마음을 사로잡았던 에센스는 본래 실용적인 효능이 있다. 향수는 우리를 매혹시킬 뿐 아니라 치유하고 액운을 쫓아주기도 한다. 적어도 이집트인이나 인도인, 혹은 루이 14세나 19세기 소설가 조르주 상드에게는 그랬다. 조르주 상드는 노앙에 있는 자신의 정원에 향료 식물을 키웠는데, 연인 쇼팽의 고통을 치유하기 위해 자스민과 오렌지꽃, 린덴을 활용하기도 하고 조향사에게 쇼팽이 좋아하던 패츌리로 만든 향수를 주문하기도 했다. 향수는 오마르 하이얌과 보들레르도 찬미한 '신비롭고 시적인 자연의 선율'이다.

향수 문명의 용광로, 지중해

오른쪽 15페이지
여인들의 단장, 이집트, 제18왕조 (BC 1550~ BC 1295) 테베, 나크트의 무덤

고대 이집트는 향수와 화장품의 전통에 있어 좋은 참고 자료가 된다. 프랑스 화장품 브랜드 로레알은 고대 제품을 구현하고 영감을 얻기 위해 루브르 박물관의 이집트 부서와 협업하여 연구를 진행하고 있다.

고대 이집트에서 향수는 제사 의식의 도구이자 파라오 시체를 보존하기 위해 사용되던 왕실의 특권을 나타내는 물건이기도 했지만, 삶의 즐거움을 위한 세속적 장신구이기도 했다. 고대 이집트인들은 누군가를 유혹하기 위해 또는 단순히 자신의 사회적 계급을 나타내고자 머리부터 발끝까지 노련하게 향수를 뿌렸다. 이들은 연꽃, 장미 또는 오늘날에도 이집트에서 재배되고 있는 자스민과 같은 비옥한 나일강 유역의 생산물을 사용했다. 그리고 테레빈 나무와 매스틱 나무의 수지를 즐겨 사용했다. 기원전 2000년부터 파라오들은 유향과 몰약을 교역하기 위해 푼트(현재 에티오피아)로 원정을 보내기 시작했다. 마침내 동방 원정을 통해 안식향나무Styrax와 시더우드, 갈바눔을 구하게 되었고, 극동의 무역 상인들에게 길을 터주어 향신료와 사향Musc, 용연향Ambre을 들여오도록 했다. 이집트인들은 복합적인 향수를 만드는 완벽한 기술이 있었고 심지어 일부 원료를 합성해내기도 했다. 키피(94페이지 참조)는 가장 유명한 이집트 향수로 수많은 재료가 들어간다. 오일과 섞어서 마사지에 쓰거나 유지와 섞어서 향유로도 쓰고 꿀과 와인에 섞어 쓰기도 한다.

에드푸 신전에 가면 고대 이집트의 상형 문자 히에로글리프로 새겨진 그림과 복잡한 제조법을 볼 수 있다. 강대국 이집트는 향수 기술로 유명한 크레타인과 그리스인, 그중에서도 특히 키프로스인의 도움을 받았다.

이집트와 마찬가지로 고대 그리스도 향수를 신성시했다. 하지만 아테네의 민주주의는 향기에 있어서도 예외는 아니었다.

아테네의 목욕과 온천 기술 덕분에 모든 사람이 향수를 사용할 수 있게 되었다.

신화에 따르면 아테네 여신이 아테네 사람들을 위해 만들었다고 해서 '신들의 자비'로 일컬어지는 올리브 오일은 향수의 제작과 보존을 위한 기초재료로 사용되었다.

향수를 뜻하는 단어 '퍼퓸parfum'도 '연기를 통해par la fumée(fumus)'라는 뜻의 라틴어에서 유래한 것이다. 로마 제국은 신성시하던 물건을 시민들이 사용할 수 있도록 하면서 향수가 일반화된 예시를 보여주었다. 로마는 세계를 정복하면서 당시 이탈리아반도에서는 거의 생산되지 않던 아로마 원료를 지배하게 되었다. 많은 고대 국가에서 애용하던 유향(프랑킨센스)과 몰약(미르), 진귀한 천연수지는 아라비아반도에서, 자스민은 이집트에서, 장미는 소아시아에서 건너왔다. 이처럼 순조로웠던 경제 상황과 더불어 향수에 대한 철학적 접근이 이루어졌다. 그리스 전통에 따라 향수는 종교 의식에 사용되었다. 고대인들은 신들과 인간들 사이의 '언어'로 만들어진 것이 향수라고 믿었기 때문이다. 또한 향수는 만병통치약으로도 사용되었는데, 특히 페스트 같은 전염병을 치료하기 위해 사용되었다. 아리스토텔레스와 테오프라스토스 이후로 루크레티우스와 플리니우스는 페스트가 '고약한' 냄새를 통해 사람을 죽인다고 생각해 페스트에 전염되지 않는 가장 효과적인 방법은 향수를 온몸에 뿌리는 것이라고 믿었다. 그리고 마침내 향수는 로마 제국 사회에서 각별했던 세 장소인 욕조와 식탁, 침대에서 사용되면서 쾌락을 주는 도구가 되었다.

공중목욕탕에서 훈증 요법과 향수의 에센스 온분무 요법, 향유 마사지는 쾌락과 위생을 위한 가장 중요한 요소였다. 식탁에서 향수는 향연을 위한 장식적인 요소로 사용되었다. 손님들에게 파이스툼의 장미로 만든 화관을 씌우고 바닥에는 향기로운 꽃과 허브를 흩뿌렸다. 연회가 시작되면 날개에 에센스를 바른 비둘기들을 풀어 날갯짓을 할 때마다 향기로운 바람을 일으키도록 했다. 그뿐만 아니라 그릇에도 향을 입혔다. 아피키우스의 요리법을 보면 장미와 자스민을 찾을 수 있다. 마침내 침대에서도 향수가 사용되었는데, 가장 유명한 일화는 향수를 이용해 율리우스 카이사르와 안토니우스를 유혹했던 클레오파트라의 이야기일 것이다.

왼쪽 16페이지
병에 향수를 붓고 있는 여인, 이탈리아, 1C
로마, 로마 국립박물관

오른쪽 19페이지
몸치장 중인 부인,
퐁텐블로파, 16C 말
디종, 보자르Beaux-
Arts 미술관

사실 알렉산드리아는 향료 제조의 중심지로, 로마인들에게 알렉산드리아 정복은 클레오파트라 정복 못지않게 중요했다. 클레오파트라는 안토니우스를 맞이하기 위해 향기로운 시더우드 목재로 만든 돛대에 자스민 오일을 바른 호화로운 배를 보냈다. 클레오파트라를 만나기도 전에 안토니우스는 이미 매혹되었다. 향기로운 식사, 신선한 장미로 뒤덮인 방, 매혹적인 향을 풍기는 침대, 여기에 더해 클레오파트라는 세 번에 걸쳐 자신의 몸에 향수를 뿌렸다. 한번은 머리카락, 또 한번은 전신 그리고 마지막으로 내밀한 부위에 향수를 뿌려 후각의 유혹을 완성했다.

로마에서 조향 장인들은 고대 로마의 시인 마르티알리스가 인용한 폴리아 또는 코스무스처럼 각광받는 인물들이었다. 남성과 여성 모두에게 인기 있던 향수는 '페르시아 나르드[1]', 마르멜로향의 '멜리넘', 야생향의 '시프리넘', 장미 베이스의 '로디니움'이었다. 플리니우스는 가장 호화스러운 것의 예로 '왕실의 향수'를 꼽았다. 왕실의 향수는 27가지의 에센스를 세밀하게 배합하여 만들었다. 네로 황제는 아내 포파이아 사비나의 장례를 위해 쓸 수 있는 모든 향, 특히 프랑킨센스를 전부 써버리면서 일 년치 소비량을 하루 만에 소진했다. 그날 도시 전체가 향기로 가득했다.

---

1) 감송(甘松)

르네상스부터 프랑스 제1제국까지

고대 전통을 되살리면서 그리고 동방과의 물자 및 지식 교류가 확대되면서 르네상스 시기의 유럽, 특히 이탈리아는 가장 먼저 향수 제조 기술을 되살려냈다. 대규모 해상 원정의 유일한 목적은 향신료와 향수, 고급 양모, 동방의 실크 등 사치품 무역에 대한 아랍의 독점을 막는 것이었다. 은행가들이 원정에 자금을 대던 피렌체는 큰 이득을 보게 되었다. 아들 앙리 2세와 카트린 드 메디시스의 혼인으로 실현된 프랑수아 1세의 동맹은 프랑스가 이 영역에 가담할 수 있게 해주었다.

프랑스는 동방으로부터 원료뿐만 아니라 화초와 향신료 재배 및 추출 노하우를 얻게 되었다.

가장 획기적인 사실은 동방에서는 16세기부터 보존제와 희석제로 알코올을 체계적으로 사용했다는 것이다. 사실, 과거의 향수는 순수 천연 에센스가 거의 들어가지 않았다. 가장 인기 있는 장미와 자스민, 튜베로즈 같은 꽃들과 '고정제'인 용연향, 사향, 영묘향, 백단향(샌달우드), 유향(프랑킨센스), 몰약(미르)의 혼합물뿐이었다. 알코올의 활용으로 로즈마리, 세이지, 타임 같은 허브나 라벤더 같은 꽃들 또는 헤스페리데(감귤류)같이 더 신선하고 휘발성 높은 에센스를 사용할 수 있게 되었다. 드디어 헝가리 여왕이나 카트린 드 메디시스, 나폴레옹이 즐겨 사용하던 최초의 오드콜로뉴가 탄생하게 되었다. 오드콜로뉴는 매우 희석된 향수로 당시에는 위생용품으로 사용되었다. 사람들은 오드콜로뉴로 몸을 씻었다. 헝가리 여왕은 오드콜로뉴를 넘치도록 사용한 덕에 젊음을 유지할 수 있었다고 한다. 나폴레옹은 하루에 수십 리터씩 사용하고 심지어는 마시기도 했다.

향기 나는 물건은 고가였고 상류층의 전유물이었다. 프랑스 황태자 도팽의 조향사였던 시몽 바르브는 1699년에 쓴 개론서에서 명문가 사람이 사용해야 하는 향기 나는 물건의 목록을 기술했다. "향을 입혀야 하는 물건은 장갑(조향사·장갑 제조인 길드의 존재 이유이다)과 모든 가죽 장신구, 가발, 의복이다. 아이리스향의 분을 바르고, 향수를 뿌리고, 향료가 든 식초와 술을 마시고, 향이 나는 담배를 피우고, 향료 정제(오늘날의 인센스 스틱)를 태우고, 향수 포마드를 바르고, '포푸리pots-pourris[1]'로 집을 장식한다."

이와 관련된 베르사유 궁에서의 소비는 어마어마해서 식비보다 훨씬 더 많은 비용을 지출했다. 나폴레옹의 황후 조제핀 드 보아르네의 이런 씀씀이는 세간의 입방아에 자주 올랐다.

동양 사회는 향수의 에로틱한 기능과 신비하고 치유적이며 종교적인 기능을 혼합하면서 계속해서 향수를 매우 중요하게 여겼던 반면, 19세기 및 20세기 초 청교도 사상이 지배적이었던 서구 사회는 사탄의 발현처럼 여겨 향수를 침실에서 쫓아냈다. 감각적인 쾌락의 추구는 '광란의 20년대Années folles[2]'에 들어서면서 돌아왔다. 오늘날에도 최고의 판매량을 보이는 '샤넬 N°5'나 '샬리마', '아르페쥬' 같은 대표적인 클래식 향수들이 바로 이 시기에 만들어졌다.

왼쪽 20페이지
쿤 레니에의 삽화, 1930년

1) 말린 꽃잎이나 나뭇잎, 허브 등의 식물 재료를 혼합한 방향 소품
2) 제1차 세계대전과 스페인 독감이 종식된 후 폭발적인 성장세를 보였던 1920년대 호황기

현대 향수 회사의 탄생

오른쪽 23페이지
코티의 향수 '로리간(L'Origan)' 광고, 20C

20세기에 향수계와 화장품계에 큰 혁신을 일으킨 디자이너가 있다. 바로 프랑수아 코티다. 하지만 이상하게도 엄청난 부를 쌓았다가 전부를 잃은 이 천재적인 독학 조향사는 오늘날 구하기 힘든 향수와 어렴풋한 기억만을 남겼다. 그의 향수 '라 로즈 자크미노', '로리간', '시프레'는 우리 할머니들을 꿈꾸게 했다.

나폴레옹 보나파르트의 먼 후손으로 프랑수아 스포투르노라는 세례명을 가진 코티는 1874년 5월 3일, 나폴레옹이 태어나기도 한 코르시카섬의 아작시오라는 지역에서 태어났다. 나폴레옹처럼 코티는 대륙을 정복하고자 바다를 건너 먼 훗날 화장품 세계를 지배하게 된다. 일찍이 고아가 된 코티는 할머니들의 손에서 검소하게 자라 열세 살이 되면서 일거리를 찾아 마르세유로 건너갔다. 야심에 찬 코티는 빨리 '파리로 상경'해야 한다고 생각했다. 1900년, 만국박람회를 보기 위해 파리로 간 코티는 자신의 운을 시험해보기로 했다. 그는 파리에서 리본과 여러 팬시 상품을 팔면서 더 큰 야망을 품게 되었다. 코티는 작가이자 정치인인 에마뉘엘 아렌의 '비서'로 일했다. 에마뉘엘 아렌의 권유로 어머니의 이름 'Coti'에서 착안해 장래 조향사를 위해 'Coty'라는 세련되면서도 덜 '코르시카스러운' 이름으로 개명했다.

코티를 성공으로 이끈 건 우연한 계기였다. 딸 크리스티안 코티는 이렇게 증언했다. "아버지에게는 모트 피케가에 사는 레이몽 고에리라는 아주 좋은 친구가 있었다. 아버지는 매일 밤 피케가에서 고에리와 어울렸다. 하루는 약사였던 고에리가 처방전의 약을 짓느라 약속에 나오지 못했다. 아버지는 옆에서 그를 도와주기로 했다. 고에리는 아버지가 약제를 만지지 못하게 했다. 그 대신 자신이 만든 매우 평범한 오드콜로뉴 레시피를 주며 필요한 교재를 빌려주었다." 그리고 놀라운 일이 벌어졌다. 코티는 흥미를 느꼈고 같은 재료로 여러 가지 오드콜로뉴를 만들어냈다. 고에리는 코티가 자신보다 더 재능이 있음을 단번에 알아차렸다.

무엇보다 코티는 자신이 이 일을 즐거워한다는 사실을 알아차렸다. 그의 코가 성공의 도구였던 것일까? 코티는 오드콜로뉴를 만들면서 한 번도 생각해본 적 없던 향기로운 코르시카섬이 떠올랐다. 우리 모두 마음속에 가둬둔 이러한 기억을 코티는 끄집어낸 것이다.

코티는 향수와 향수 원료 산업의 중심지인 그라스로 갔다. 과거의 영예에 머물러 있는 듯한 이 작은 마을에서 천재적인 독학자는 오랜 관례에 대항했다. 산업계는 오래전부터 향기 분자를 분리했고 우비강 향수 '푸제르 로얄'과 겔랑 향수 '지키'에 성공적으로 사용된 쿠마린이나 바닐린 같은 합성 물질을 만들어냈다. 하지만 아무도 전통 방식을 회복하려 들지 않았고 새로운 재료로 옛 향료를 만들었다. 코티는 모든 재료를 닥치는 대로 가져가서 고급 천연 원료와 한 방울씩만 겨우 사용하던 원료 그리고 새로운 원료에 몰두하며 선입견 없이 전부 조합해보았다. 코티는 장사 수완이 좋았고 이목을 끌 줄 알았다. 그는 곧바로 시리스의 문을 두드렸다. 시리스는 그라스에 있는 회사 중에서 가장 규모가 크고 당시 기준으로 가장 현대적이었다. 코티는 조향에 대한 지식이 전무한데다 누구의 추천을 받아 간 것도 아니었지만 운 좋게 인턴으로 들어갈 수 있었다. 파리로 돌아온 코티는 몇 년 지나지 않아 단숨에 자신의 이름을 각인시킬 만한 향수를 만들었다.

코티는 어떻게 만든 것일까? 아무도 알지 못한다. 코티는 말수가 많지만 이 주제에 관해서만큼은 거의 털어놓지 않았다. 코티는 조향사라는 직업에서 전적으로 절충적인 입장을 취했고(같은 해에 파리에 도착한 피카소를 떠올리게 하는 부분이다) 당시에는 새로웠던 향수병 디자인에도 큰 신경을 썼다. 한 가지 확실한 건 전통적인 냉침법 대신 시리스가 처음 선보인 추출법으로 생산한 원료를 처음으로 받아들인 조향사가 코티였다는 것이다. 조향 장인들은 새로운 방식으로 추출한 앱솔루트를 사용하길 꺼렸다. 하지만 코티는 이러한 새로운 추출법과 특정 합성 물질을 파고들었다. 곧바로 마음에 드는 재료들만 골라 약간의 성분들을 가지고 조합했다. 본능에 이끌려 가장 단순하게 만들었고 좋은 품질을 목표로 했다.

*왼쪽 24페이지
코티의 향수 '레망
(L'aimant)' 광고,
20C*

26페이지 하단
카롱 광고, 1946

그가 처음 내놓은 향수는 대성공을 거두었다. 코티는 그라스에서 소량의 로즈 앱솔루트를 가져와 살짝 손본 뒤 새로운 제품을 만들었다. 그리고 당시 가장 유명한 '루브르 백화점'에 자신의 향수를 소개했다. 향수 매장의 책임자는 거만한 태도로 샘플 향을 맡았다. 고의인지 아닌지는 모르겠으나 코티는 향수병을 떨어뜨렸다. 그러자 병이 대리석 바닥에서 깨지면서 향이 순식간에 매장을 가득 채웠다. 놀랍게도 여자 손님들이 몰려들더니 향수를 구매하고 싶어했다. 매장 관리자는 다음 날 판매하기 위해 향수를 50병 주문했다. 그날 밤 코티와 그의 아내는 주방에서 최초의 '로즈 자크미노' 50병을 만들었다. 코티는 라 보에티가의 평범한 상점에서 창조 활동에 몰두하며 '베르티주', '이딜', '레플뢰르', '앰버 앤티크' 그리고 '로리간'을 만들어냈다. 코티의 회사는 뇌이로 옮겨가야 할 정도로 크게 성공했고 이후 1908년에는 쉬렌느로 옮겼다. 코티는 쉬렌느에 연구소와 공장들로 이루어진 대규모 복합 건물 '향수의 도시Cité des parfums'를 만들었다. 그는 재능과 과감함 덕분에 부와 명성을 얻게 되었다.

상승만큼이나 하강도 급격하게 이루어졌지만 30년 동안 코티는 럭셔리 시장을 지배하며 세계에서 가장 많은 향수를 판매한 브랜드가 되었다.

코티는 '레망', '시프레', '에메랄드', '파리' 등 계속해서 뛰어난 향수를 만들어냈다. 그가 세상을 떠난 1934년에 출시된 '푸주레 오 크레퓌스퀼'이 그의 마지막 향수였다.

세상을 떠나기 직전, 한 친구가 코티에게 꿈을 다 이룬 엄청난 행운아로 그야말로 다 가졌다고 말하자, 코티는 이렇게 답했다.

"전혀 아닐세. 내가 유일하게 이루지 못한, 내가 유일하게 꿈꿨던 한 가지가 남았네. 바로 인동초 향이지."

'광란의 20년대'에는 모든 세대가 전쟁의 공포에서 벗어났다고 믿었다. 세르게이 디아길레프의 러시아 발레 공연이 파리를 열광시켰고, 1925년에 열린 장식예술박람회는 흑인 예술을 알렸고, 입체파들les cubistes은 존재감을 드러냈다. 일본풍이 유행했고, 패션계에서는 코코 샤넬을 필두로 여성에게 새로운 이미지를 부여하려는 시도들이 일었다. 1924년 처음으로 꾸뛰르 하우스에서 향수 회사를 설립했다. 코코 샤넬은 도빌 경마장에서 만난 사업가 베르트하이머 형제와 동업하여 샤넬 향수를 만들었다. 파투Patou는 샤넬Chanel의 독식을 허용치 않았고, 1925년 '아무르 아무르', '크세주', 1929년 '조이'를 출시하며 향수 시장에 뛰어들었다. 잔 랑방Jeanne Lanvin은 1927년 '아르페주'를 선보였다. 1925년 '샬리마'를 내놓은 겔랑Guerlain이나 카롱Caron 같은 전통 향수 브랜드들도 합류했다. 그 짧은 몇 년 동안 '카르테', '샤넬 N°5', '샬리마', '조이', '아르페주'가 만들어졌다. 이 향수계의 오총사는 오늘날에도 입지가 공고한 베스트셀러 브랜드들이다. 이들은 그저 '조향사'의 수공품이었던 향수를 하나의 산업으로 변모시켜 향기 연금술의 한계를 뛰어넘도록 하는 데 크게 기여했다.

그때 이후로, 향수계의 산업화는 자리를 잡았다. 제2차 세계 대전 이후에는 디오르Dior를 비롯한 꾸뛰르 하우스들이 리드했고 이후 로레알L'Oréal 같은 브랜드와 1980년대에 LVMH가 그 시기에 가장 수익이 좋고 전 세계가 선망하는 업계를 독점했다. 향수는 대량 생산 제품이, 혹은 새로운 '민중의 아편'이 되었다.

27페이지 하단
샤넬 광고, 1947

향수의 원료

좋은 향수를 만들기 위해서는 좋은 재료, 즉 꽃, 향신료, 목재와 같은 고품질의 원료가 필요하다. 와인도 그러하듯, 좋은 에센셜 오일이 만들어지는 요인은 그뿐만이 아니다. 이를테면, 꽃을 따는 방식, 운반, 재료의 순도 그리고 이후의 증류나 추출을 통한 가공 기술이 결정적인 역할을 한다.

천연 원료는 대개 농업 방식으로 수확하지만, 때때로 각별한 주의를 기울여 수확하기도 한다. 알프드오트프로방스의 라벤더는 그 지역에서 바로 증류한다. 장미 또는 자스민의 경우, 특히 인도, 이집트, 튀니지에서 재배되는 자스민과 모로코, 불가리아, 터키에서 재배되는 장미는 매우 특별한 관리가 필요하다. 꽃의 천연 향은 밤에 더 강하기 때문에 곧바로 근처에 있는 증류 기술자들에게 전달되어 처리될 수 있도록 야간에 수확하기 시작해 오전 중에 끝내야 한다. 실론 시나몬 같은 일부 나무들도 전통적인 옛 방식으로 현장에서 증류하는데 독보적인 품질의 결과물을 낸다. 반면에 향신료나 나무, 수지(유향), 아이리스 뿌리 같은 대부분의 마른 재료는 우선 그라스로 운반하여 공장에서 100년 이상 된 방식으로 증류한다.

장미와 자스민 같은 일부 재료는 한 송이씩 수확하고 시더우드와 유칼립투스 같은 재료들은 거의 공장식으로 수확한다. '테루아terroir[1]'와, 기후, 인간의 노동(관습)에 따라 같은 재료라도 나라마다 품질이 다양하고, 그 결과 값도 천차만별이다. 불가리아산 로즈 앱솔루트는 모로코산보다 더 비싸게 팔린다. 생산 연도와 제조번호도 있다. 과도한 건조는 시칠리아 만다린 에센스를 형편없게 만들고 과도한 습기는 장미를 약하게 만든다.

---

1) 한 가지 이상의 특산품을 제공하는 한 지역의 모든 땅

구하기 어려운 것은 물론 값이 매우 비싸다. 그래서 그날그날 시세가 매겨지는 에센스는 바로 동남아시아의 침향Agarwood 에센스다. 침향나무의 진액은 나무가 병해를 입었을 때만 얻을 수 있다. 숲을 돌아다니면서 침향나무가 언제쯤 병해를 입을지, 즉 진액을 채취할 수 있을지 추적하는 일을 하는 나무 추적자가 존재하기도 한다.

동방 향신료 로드

선지자 마호메트의 후견인이자 삼촌은 조향사이자 향료상이었다. 동양에서는 오늘날에도 같은 노점에서 향수용 에센스와 식용 및 치료용 향신료를 구할 수 있다. 향신료와 허브는 전통적으로 이 세 가지 기능을 충족해왔다. 이 세 가지 기능을 지닌 인기 있는 향신료를 서양에 공급하기 위해 더 빠른 길을 찾다가 그 유명한 마르코 폴로와 바스쿠 다가마의 탐험으로 이어진 것이다. 향신료 로드는 실크 로드만큼이나 중요했고 둘 다 동방에서 왔으므로 아마도 교역로가 같았을 것이다.

오늘날에도 전통 요리법과 '오피움', '비장스', '에고이스트' 같은 스파이시한 향수의 재료에 등장하는 가장 인기 있는 동방 향신료는 시나몬, 후추, 카다몸, 정향, 커민, 코리안더(씨앗), 육두구(넛맥), 사프란, 주니퍼, 바닐라 등이다.

일부 재료는 오래전부터 신령한 목적으로도 사용되었다. 사원과 교회에서 향신료 또는 향신료 혼합물을 태웠다. 심지어 회교 사원 건물의 도료에 시나몬 향을 입히기도 했다.

배합 공식이 비밀에 싸인 미묘하게 조화로운 이 향신료들은 인도나 태국의 카레, 중국의 '오향', 마그레브의 라스 엘 하누트와 같은 혼합 향신료를 구성하는 재료들이다.

공급과 운반의 어려움으로 인해 동방의 향신료는 최고급 사치품이 되었다. 매우 비싼 값에 팔리고 있는 사프란을 제외하고, 오늘날 보편화된 향신료들은 일상 요리에 사용되거나 합성 재료로 대체되어 향수 제조에 쓰이고 있다. 잔지바르에 큰 이익을 가져다주었던, 여전히 길거리에 그 향이 진동하고 있는 정향은 더는 그 섬을 먹여 살리지 못하고 있다.

에센셜 오일 추출 기술

에센셜 오일을 얻을 수 있는 방법은 여러 가지가 있다. 가장 빈번하게 사용되는 방식은 직접 증류로, 고대 이집트에서 '질그릇'을 이용하던 방식을 개선한 것이다. 허브나 꽃, 나무, 향신료 같은 원료와 물을 증류기에 담는다. 물이 끓어오르면서 수증기가 에센스를 응축기로, 이후 분리기로 운반한다. 수증기 증류는 물과의 접촉을 피하면서 작업을 더 효율적으로 만들어준다. 증기가 원료를 통과하여 확산되도록 하기만 하면 된다. 더 현대적인 방식으로는 밀폐된 증류기의 기압을 감소시켜 얻는 진공 증류법이 있다. 그러면 정상 끓는점보다 더 낮은 온도에서 증류가 가능해 꽃처럼 손상되기 쉬운 원료를 더 잘 보존할 수 있다.

 압착법이라는 방식은 시트러스나 헤스페리데에 사용되는 방식이다. 단순하게 압력을 가해서 껍질에 함유된 에센스를 추출하는 것이다. 옛날에는 직접 손으로 압착하는 방식을 사용했지만 현재는 원심분리기를 이용해서 추출하고 있다. 더 나은 추출을 위해서는 열을 가하지 않은 차가운 상태로 작업해야 한다.

 아주 민감한 원료의 경우, 전통적인 추출 방법은 냉침법이다.

왼쪽 32페이지
로베르테사의 장미 추출,
그라스

온침법은 예를 들어 장미 꽃잎을 동물성 유지 또는 식물성 기름 용제에 잠기도록 오랫동안 담가둔 후 빼내는 방식이다. 이 과정을 여러 차례 반복하면 유지에 꽃 향기가 축적된다. 주로 자스민이나 튜베로즈에 사용되는 냉침법은 차가운 유지로 채운 '나무틀 유리판'에 꽃을 그냥 쌓아두고 한 달 동안 매일 이 작업을 반복하는 것이다. 그런 다음 유지를 알코올로 세척하고, 알코올 증발을 통해 콘크리트와 앱솔루트를 얻는다.

오늘날 냉침법은 재료비와 인건비가 많이 들어 벤진, 헥산, 벤젠과 같은 휘발성 용매제를 이용한 추출로 대체되었다. 용연향Ambre, 영묘향Civette, 해리향Castoréum 같은 동물성 재료를 비롯한 일부 재료는 간단한 알코올 침출로 얻을 수 있다.

34페이지 상단
겔랑의 튜베로즈 냉침법

현대 : 합성 재료

19세기 말 유기화학의 발전은 향수에도 영향을 미쳤다. 우선 장미, 자스민 에센스의 합성 조성물 복제품 형태를 띤 화학적인 에센스는 현대 향수 제조에 필수인 요소가 되었다. 오늘날 전문 연구소에서 사용하고 있는 제품은 2천여 가지가 넘는다. 이 전문 연구소들은 대개 대기업 화학회사와 제약회사의 자회사들이다. 현대 향수를 산업적으로 제조하기 위해서는 효율성과 비용 문제로 합성 재료를 사용할 수밖에 없다. 이 단계에서 천연 재료의 매력이기도 하면서 단점은 바로 변칙성이다. 와인처럼 천연 에센스는 질적으로 그리고 양적으로 좋은 해와 좋지 않은 해가 있다. 산업계는 이런 변칙성에 좌우되는 것을 감수할 수 없다. 특히 천연 재료의 비용은 현실적으로 가능한 공통의 척도가 없다. 따라서 아름다운 불가리아 장미가 킬로당 1만 유로 가치일 때, 합성 복제품은 킬로당 50유로밖에 되지 않는다! 200배나 차이가 난다! 소비자가 매장에서 향수를 한 병 구매할 때, 최종 가격에서 향수 자체에 지불하는 비용은 약 3%밖에 되지 않고

(포장, 마케팅, 유통 및 세금이 가장 큰 몫을 차지한다), 최종적으로 향수를 이루는 에센스에 지불하는 비용은 약 1%뿐이다! 그것이 바로 합성 재료가 향수 산업의 발전을 위해 만들어낸 기적이라고 불리는 것이다.

 그렇지만 이 책에서 우리는 장인의 향수를 만들기 위해서는 더 비싸지만 훨씬 나은 품질의 구하기도 쉬운 천연 원료를 사용하기를 추천한다. 조향사에게 있어 '팔레트'가 되는 60여 가지 주요 원료를 다음 장에서 살펴보자.

60여 가지 기본 에센셜 오일

침향 *(Aquillaria agallocha)*

아가우드, 우드Oud 등으로도 불리는 침향은 동남아시아에서 자라는 나무이다. 이 큰나무에는 목재를 감염시키는 곰팡이를 통해 얻어지는 아로마 송진이 배어 있다. 수증기 증류를 통해 매우 값비싼 에센셜 오일을 얻을 수 있다. 인도에서는 주로 훈증 요법과 '아타르'라는 향유를 만드는 데 사용한다.

용연향(앰버) *(Ambre gris)*

향유고래가 수면에 자발적으로 방출하는 내장 분비물에서 유래한다. 10그램에서 10킬로그램 사이의 덩어리를 형성한다. 매우 희귀한 원료로 유향, 사향, 몰약과 함께 고대의 향수 제조에 사용되던 성분이다. 용연향은 일부 향수에서 '고정제'로 사용된다.

팔각, 팔각회향 *(Illicium verum)*

기원전 1500년경 이집트인들은 이 식물을 대량으로 재배하여 먹거나 음료로 만들어 마시고 잎과 씨는 약으로 사용했다.

붓순나무의 열매가 바로 팔각(아니스 스타)이다. 팔각은 각각 윤기 나는 씨가 하나씩 들어 있는 여덟 개의 심피를 지닌 목질의 대과로 되어 있다. 매우 독특한 8각의 별 모양을 하고 있어 팔각이라고 한다. 열매는 녹색일 때 따서 햇볕에 말리면 갈색과 빨간색을 띠게 된다. 팔각 에센스의 주요 생산국은 중국과 베트남이다. 팔각 에센셜 오일은 증류를 통해 얻는다.

머그워트 (Artemisia vulgaris)

이 야생 허브는 동유럽과 아시아, 마그레브 국가 등에서 재배된다. 조향사들은 머그워트의 허브 아로마 향기를 좋아해 우드, 시프레, 레더, 푸제르 어코드 구성에 머그워트 에센셜 오일을 사용한다.

페루발삼 (Myroxolon balsamum)

페루발삼 나무는 중앙아메리카가 원산지로 껍질을 벗기면 나무에서 진액을 얻을 수 있다. 원상태로 사용하거나 에센스로 추출하여 사용하는데, 은은하고 발사믹하여 오리엔탈 향수와 파우더리한 향수의 베이스 노트에 사용된다.

톨루발삼 (Toluifera balsamum)

볼리비아와 베네수엘라 원산지의 키 큰 나무 톨루발삼 나무는 몸통을 베어내어 수지(발삼)를 얻는다. 증류를 통해 에센셜 오일을, 용매 추출을 통해 레지노이드를 얻는다. 약간 플로럴한 발삼향은 오리엔탈 어코드에 많이 사용된다.

안식향 (Styrax benzoin)

벤조인(안식향)나무는 베트남과 라오스가 원산지로 껍질을 벗겨 수지를 얻는다. 흰색과 이후 노란색을 띠는 고무는 공기와 접촉하면서 단단하게 굳어지고 둥글고 따뜻한 노트가 만들어진다. 오리엔탈 향수의 베이스 노트에 정말 많이 사용된다.

베르가못 *(Citrus aurantium bergamia)*

이 과일은 칼라브리아Calabre에서 유래했다. 식용이 불가능한 이 큼지막한 감귤류의 껍질은 달콤 씁싸름한 향의 에센스를 제공한다. 에센스는 껍질을 기계로 압착하여 얻는다. 베르가못의 신선한 향은 퍼퓸과 오드콜로뉴, 오프레쉬를 구성할 때 탑노트에 사용된다.

가이악 우드 *(Gayac)*

가이악 우드는 수지를 내는 소관목으로 서인도 제도와 중앙아메리카가 원산지이며 티 로즈 향과 비슷한 향기로운 에센스를 얻는다. 가이악 우드 에센스는 향수의 베이스 노트에 사용된다.

로즈우드 *(Aniba rosaedora)*

로즈우드는 높이 40m, 지름 1m까지 자랄 수 있는 아마존 열대 나무이다. 매우 희귀종으로 인기가 많다. 로즈우드에서 '샤넬 N°5'에 사용되기도 한 천연 성분인 리날로올을 추출할 수 있다.

Shiu 나무 또는 일본 로렐 *(Cinnamum camphora)*

이 에센셜 오일은 수증기 연동 완전 증류법 다음 연속 증류법을 통한 교정으로 얻는다. 로즈우드처럼 상큼하고 달콤한 향이 난다.

카시스 싹눈 *(Nigres nigrum)*

카시스는 주로 프랑스 부르고뉴에서 생산된다. 연초에 어린 싹눈을 수확해 휘발성 용제로 추출하여 앱솔루트를 얻는다. 카시스 싹은 값이 매우 비싸 고급 향수에만 주로 사용된다. 침엽수향이 나는 남성용 오프레쉬와 퍼퓸에서 찾아볼 수 있다.

BUCCHU *(Agathosma betulina)*

남아프리카 허브로 건조한 잎을 증류하여 민트, 프루티 향이 강하게 나는 에센셜 오일을 얻는다. 조향사들은 상쾌하고 가벼운 프루티 향을 주고 싶을 때 사용한다.

창포 *(Acorus calamus)*

창포는 아시아, 유럽, 아메리카의 습지에서 자란다. 창포 뿌리를 증류하여 밀키하고 스파이시한 천연 가죽 향의 에센스를 얻을 수 있다. 애니멀릭 노트를 주면서 우디, 스파이시 어코드와 레더 노트를 견고하게 한다.

카모마일 *(Matricaria chamomilla)*

저먼 카모마일에서 증류한 진한 파란색의 에센셜 오일은 오래 지속되는 허벌, 프루티, 담배 향을 내뿜으며 카모마일 블루 에센셜 오일이라 불린다. 카모마일 로만Anthemis nobilis은 더 아로마틱하다. 그래서 플로리한 면을 가진 향수와 오리엔탈, 시프레 향수에 더 보편적으로 사용된다.

시나몬 *(Cinnamomum zeylanicum)*

시나몬은 세이셸과 스리랑카가 원산지인 나무이다. 실론 시나몬 에센셜 오일은 나무 껍질을 말려서 가루로 만든 것을 증류하여 얻는다. 시나몬의 스파이시하고 따뜻한 향은 스파이시, 우디 어코드와 잘 어우러진다.

카다몸 (Elletaria cardamomum)

카다몸은 스리랑카나 인도, 인도네시아, 중앙아메리카에서 재배되는 야생 허브이다. 씨앗을 증류해서 추출한 에센셜 오일은 아로마틱하고 우디하고 플로럴한 향으로 시프레, 레더 어코드를 더 강하게 해준다.

해리향 (Castoréum)

캐나다 비버의 향낭에서 채취한 원료이다. 특정 향수의 레더 노트를 강조하고 시프레, 담배 어코드에 사용된다.

시더우드 (Cedrus)

시더우드는 미국 버지니아와 모로코 아틀라스산맥에서 주로 자란다. 증류를 통해 연필심의 흑연 냄새 같은 드라이한 향의 매우 향기로운 에센셜 오일을 얻을 수 있다. 시더우드 에센셜 오일은 우디 어코드에 아주 유용하게 사용되며 남성용 향수를 구성할 때 많이 쓰인다.

셀러리 (Apium graveolens)

셀러리 씨앗을 증류하여 얻은 에센셜 오일은 우디, 스파이시, 허벌 향이 난다. 셀러리 에센셜 오일의 진한 향은 우디, 스파이시, 오리엔탈한 향수와 완벽한 조화를 이룬다. 향 '부스터' 역할을 하기도 하는데, 예를 들면 아주 소량의 셀러리 에센셜 오일을 로즈 에센셜 오일에 섞어주면 의외로 로즈 에센스의 향을 강하게 해줄 수 있다.

레몬 (Citrus limonum)

레몬은 이탈리아, 캘리포니아, 플로리다에서 주로 생산된다. 레몬 껍질에서 매우 싱그럽고 기운을 북돋워주는 에센스를 얻을 수 있다. 레몬 에센스는 오드콜로뉴에 많이 쓰고 특정 향수의 향을 확산시키기 위해 탑노트에 사용한다.

시트로넬라 (Cymbopogon nardus, winteranius)

인도, 인도네시아, 중국에서 주로 재배되며 높이 자라는 초본식물로 레몬그라스 Cymbopogon의 다양한 종을 증류하여 얻는다. 시트로넬라 에센셜 오일은 주로 기능성 향수 제조에 사용되며 다양한 방향 분자를 얻는 데도 사용된다.

영묘향(시베트) (Viverra civetta)

에티오피아의 사향고양이는 숲에서 포획하거나 사육된다. 영묘향은 사향고양이의 회음선 속에서 분비되는 '비베레룸viverreum'이라는 물질을 긁어내어 추출한다. 적절하게 배합해서 사용할 경우, 이 강한 에니멀향은 특정 향기에 강력함과 관능성을 더해줄 수 있다.

정향 (Eugenia laryophyllata)

정향나무는 마다가스카르, 말레이시아, 중국이 원산지로 꽃봉오리를 증류하여 에센셜 오일을 얻는다. 정향의 스파이시 노트는 로즈 에센스와 배합해서 '카네이션oeillet' 노트를 재현한다.

유칼립투스 *(Eucalyptus globulus)*

유칼립투스는 1995년까지 코림비아속Corymbia을 포함했던 도금양과Myrtaceae 유칼립투스속에 속하며 매우 풍부한 나무 군락을 이룬다. 유칼립투스는 호주와 태즈메이니아의 토착종이다. 600종 이상의 유칼립투스 나무가 호주 숲 전체의 95%를 차지하고 있다. 유칼립투스는 다양한 적응 메커니즘을 가지고 있고 성장 속도가 빨라 다양한 환경에서 서식할 수 있다. 유칼립투스 글로불루스Eucalyptus globulus 같은 몇몇 종은 유럽에 도입되어 지중해 연안에 매우 잘 적응했다. 그리고 펄프 생산을 위해 드넓은 유칼립투스 숲이 포르투갈에 조성되었다. 또한 북아프리카, 특히 알제리와 모로코, 리비아, 튀니지에도 조림되었다. 그뿐만 아니라 마다가스카르 섬과 마요르카 섬, 레위니옹 섬, 스리랑카, 남아프리카, 캘리포니아에서도 유칼립투스를 찾아볼 수 있다. 유칼립투스 에센셜 오일은 잎을 증류하여 얻는다.

호로파 *(Fenugrec)*

호로파Fenugrec는 인도와 소아시아에서 고대 향수 제조에 주로 사용되었다. 이 허브의 씨에서 얻은 복합적인 향을 가진 레지노이드는 오늘날에는 거의 사용되지 않는다.

통카빈 *(Dipteryx odorata)*

아마존 숲에 서식하는 베네수엘라 나무 쿠마루에서 통카빈 앱솔루트를 얻을 수 있다. 향은 흰 접착제 냄새와 비슷하다. 은은하게 발사믹한 면이 있어 오리엔탈 계열 향수에 많이 사용된다.

플루메리아 *(Plumeria alba)*

플루메리아는 '사원의 꽃'이라고도 하는 소교목으로 서인도 제도가 원산지이지만 일반적으로 인도, 코모로, 아시아에서 더 많이 자란다.

흰색과 오렌지색의 아름다운 꽃을 피운다. 꽃은 매우 이국적이며 플로리한 아몬드 향의 특색 있는 노트를 가진 강하지만 섬세한 향을 풍긴다. 이 나무는 높이 2m에서 6m까지 자랄 수 있다. 플루메리아 알바는 여름과 가을 중순 사이에 기분 좋고 강한 향기를 내뿜는 꽃을 피운다. 플루메리아 꽃의 앱솔루트는 휘발성 용제로 추출하여 얻을 수 있다.

갈바눔 *(Ferula galbaniflua)*

페룰라 갈바니플루아Ferula galbaniflua는 높이가 2미터까지 자랄 수 있는 이란의 초본 식물이다. 뿌리에서 얻는 에센셜 오일과 레지노이드는 강력하고 진한 그린 향이 나는데 묘하게 완두콩 껍질 냄새와 비슷하다.

금작화 *(Genista virgatas)*

금작화는 프랑스 남부에서 풍부하게 자란다. 앱솔루트 에센스는 꽃잎을 용매제 추출하여 얻을 수 있다. 허니 노트를 가진 금작화 향은 플로럴 어코드에 둥글둥글함과 부드러움을 가져다준다.

주니퍼베리 *(Junipérus communis)*

유럽 전역에서 찾아볼 수 있는 주니퍼 나무에는 주니퍼베리라는 열매가 가득 달려 있다. 주니퍼베리를 건조한 후 증류하여 에센셜 오일을 얻는다. 나무를 완전히 찧은 후 증류해서 얻을 수도 있다. 주니퍼베리 에센셜 오일의 우디, 프루티 노트는 우디, 시프레, 푸제르 어코드와 참신한 조화를 이룬다.

제라늄 (Pelargonium graveolens)

레위니옹 섬과 이집트, 중국에서 재배되는 제라늄로즈에서 장미향에 가까운 향기 분자를 추출할 수 있다. 식물 전체를 증류하여 에센셜 오일을 얻는다. 플로럴 계열 향수에도 사용한다.

생강 (Zingiber officinale)

생강의 에센셜 오일은 뿌리줄기를 증류하여 얻는다. 흔히 요리에 사용되는 이 초본식물은 최음 효능으로 유명하다. 생강 에센셜 오일은 향수 제조에서 상쾌하고 스파이시한 향을 가져다 준다. 생강은 주로 중국, 브라질, 인도, 인도네시아, 자메이카에서 재배된다.

이모르뗄 (Helichrysum stoechas)

프로방스, 스페인, 유고슬라비아에서 재배되는 헬리크리섬에서 에센셜 오일과 앱솔루트를 얻을 수 있다. 꽃이 마르고 나서도 외관을 유지하는 이 식물은 '성 요한의 허브'라는 이름으로도 유명하다.

아이리스 (Iris sanguinea)

100여 종에 이르는 다양한 품종 중에서 아이리스 팔리다 또는 아이리스 피오렌티노(피렌체 화이트아이리스)가 향수 제조에 가장 많이 사용된다. 풍부한 플로럴 노트는 꽃이 아닌 뿌리줄기 덕분이다. 장미와 함께 고대부터 알려져 왔으나 향분과 화장수, 향수(할머니의 파우더향)를 구성할 때 아이리스 뿌리줄기를 사용하기 시작한 것은 특히 17세기 이후이다. 아이리스 버터에서 추출한 앱솔루트는 향수에 파우더리 노트를 더해준다.

자스민 *(Jasminum grandiflorum)*

향수 제조에 있어 매우 귀중한 자스민은 백여 종이 넘는다. 16세기부터 20세기 초까지 그라스에서 주로 재배되던 자스민 '꽃'은 향수에 둥근 느낌을 많이 준다. 추출로 1kg의 앱솔루트를 얻기 위해서는 약 10만 송이의 꽃이 필요하다. 오늘날 자스민은 프랑스에서 거의 사라졌다. 몇몇 훌륭한 조향사는 여전히 그라스에 자신만의 자스민 밭을 유지하고 있다. 이제 대부분의 최고급 앱솔루트는 자스민의 원산지인 이집트와 인도에서 구할 수 있다. 이 매혹적인 꽃은 장미와 마찬가지로 조향에 있어 중요한 기본 재료이다.

자스민 삼박 / 아라비아 자스민 *(Jasminum Sambac)*

자스민 삼박은 필리핀, 인도, 미얀마, 스리랑카 등 서남아시아와 남아시아가 원산지인 자스민 품종이다. 자스민 삼박 앱솔루트는 인도와 중국에서 유래했으며, 콘크리트에서 알코올 추출로 얻는다.

랍다넘 *(Cistus ladaniferer)*

랍다넘은 시스테 잎에서 추출한 수지 고무로, 고대에는 연고를 만들기 위해 향수 제조에 많이 사용되었는데 오늘날에는 시프레와 앰버 향수에 사용된다. 크레타에서 유래한 시스테는 스페인과 프랑스에서 주로 사용된다. 잔가지 묶음을 끓는 물에 담근 후, 내용물을 침전시켜 분리하면 수지를 얻을 수 있다.

라벤더 *(Lavandula)*

라벤더는 여러 종이 있다. 향수 제조에 가장 많이 사용되는 것은 고도 약 1,000m에서 자란다(Lavendula vera 또는 Lavendula officinalis). 살짝 스파이시하면서, 기분 좋고 쾌활한 노트와 따뜻함과 동시에 시원한 노트를 가졌지만 오늘날 크게 인기를 끌지는 못한다. 라벤더와 스파이크 라벤더에서 퍼져 자체 생식력이 없는 하이브리드 라반딘은 청결감을 주는 라벤더와 더불어 실내 방향제 및 가정용품, 비누에 많이 사용된다.

레몬그라스 *(Cymbognon flexosus)*

인도 남부와 스리랑카에서 재배되는 레몬그라스는 한때 '인도의 버베나'라고 불리던 열대지방의 허브이다. 레몬그라스는 시트로넬라와 같은 종이다. 에센셜 오일은 주로 파생 분자를 얻기 위해 사용하지만, 전원풍 향수의 탑노트에 사용하기도 한다.

라임 열매 *(Citrus aurantifolia)*

라임 열매는 카리브 제도와 멕시코에서 재배되는 작은 그린 레몬이다. 증류 또는 추출로 얻는 에센셜 오일은 주로 남성용 향수에 상쾌한 헤스페리데스 향을 더해준다. 라임 열매는 향수는 아니지만 매우 유명한 향 조합에 포함되기도 한다. 바로 코카콜라다.

이집트 남수련 (Nymphaea caerulea)

 이집트 남수련(블루 로터스)은 나일강 강변에 떠다니는 희귀 식물로 작은 연못에 키우기 아주 좋은 식물이다. 꽃은 6월에 피는데 매우 은은하고 섬세하면서 세련된 향이 난다. 꽃잎은 쪽빛 혹은 청남색으로 중심부로 갈수록 옅어지면서 흰색을 띠며 금빛의 수술이 중심부를 둘러싸고 있다. 남수련 꽃의 앱솔루트는 휘발성 용매제 추출로 얻는다.

만다린 (Citrus reticulata)

 만다린은 귤 종류로 껍질을 압착하여 에센스를 얻는다. 주로 이탈리아와 스페인에서 재배된다. 만다린 에센스는 헤스페리데 또는 세미 오리엔탈 향수의 확산을 보완하기 위해 사용한다.

크립토카리아 (Massoia Cryptocarya)

 크립토카리아 나무는 뉴기니의 토착종이다. 해발 400m에서 1,000m의 열대우림에서 가장 잘 자라는 중형 나무이다. 에센셜 오일은 나무와 나무껍질을 증류하여 얻는다.

민트 (Mentha)

 향수 제조에 가장 많이 사용되는 민트 에센셜 오일은 중국과 브라질에서 서식하는 멘타 아벤시스Mentha arvensis와 유럽의 페퍼민트에서 추출한 오일이다. 사람들은 모로코의 나나민트(민트티향)를 더 좋아할지도 모르겠다. 민트의 초원향은 식욕을 자극한다. 탑노트에 사용되는 허벌, 민티 노트는 특히 남성용 오드뚜알렛에 상쾌하고 생기 넘치는 아로마틱한 향을 선사한다.

미모사 *(Acacia dealbata)*

미모사는 작업을 하기가 정말 까다로운 꽃이다. 잎은 떼어내고 꽃의 말단 부분만 사용해야 한다. 잎이 들어가면 앱솔루트에 과도한 그린 톤을 줄 수 있기 때문이다. 미모사 노트는 섬세하고 신비롭다. 앱솔루트는 일부 플로럴 향수에 플로리하고 파우더리한 향을 선사한다.

나무이끼 *(Evernia, Parmelia, Ramalina, Usnea 등)*

향수 제조에 사용되는 다양한 이끼에서는 추출을 통해 오크모스나 나무이끼 앱솔루트를 얻는다. 구유고슬라비아와 프랑스가 주요 원산지이며, 현재 사용되는 콘크리트 중 가장 많은 양을 추출할 수 있는 자원이다. 나무이끼는 후각적으로 매우 복합적이며, 시프레 향 구성에 있어서 베이스노트에 필요한 원료이다.

몰약(미르) *(Commiphora myrrha)*

지중해 남부 연안에서 유래한 몰약은 나무껍질에서 분비되는 고무이다. 처리 과정을 거친 이 송진은 에센셜 오일 또는 레지노이드를 제공한다. 미르 에센셜 오일은 주로 시프레나 푸제르 어코드에 사용되는데, 둥글면서 프레시한 풀숲, 버섯 향을 가지고 있다. 유향과 마찬가지로 몰약은 주로 훈증을 하여 신들에게 제물로 바치기로 했다. 동방박사들이 아기 예수에게 바친 선물 중 하나이기도 하다.

머틀 (Myrtus communis)

머틀 에센셜 오일은 은매화Myrtus communis의 잔가지를 증류하여 얻는다. 머틀 에센셜 오일은 대개 아로마틱한 전원향 노트를 주고 싶을 때 소량 사용한다. 지중해 연안에 널리 자생 머틀 잔가지는 사랑의 여신 비너스와 모든 연인의 상징이었다.

네롤리 (Citrus aurantium)

네롤리 에센셜 오일은 스페인과 튀니지 도처에서 자라는 비터오렌지 나무의 꽃을 증류하여 얻는다. 에센셜 오일은 제과와 약제에 흔히 사용된다. 네롤리의 헤스페리딕한 향은 값비싼 오드콜로뉴를 구성하는 데 사용된다. 네롤리Neroli라는 이름은 네롤리를 유행시켰던, '네롤리 공주'로 유명한 플라비오 오르시니Flavio Orsini 공작부인의 이름에서 따온 것이다.

오포파낙스 (Opopanax chironium)

오포파낙스 키로니움은 이란의 나무이다. 나무에서 얻은 고무를 알코올 처리하여 레지노이드를 얻거나, 증류하여 에센셜 오일을 얻을 수 있다. 오포파낙스의 레지노이드, 발사믹한 '버섯' 향은 오리엔탈 향수의 베이스노트와 잘 어울린다.

오스만투스(목서) *(Osmanthus fragrans)*

원산지가 중국인 오스만투스의 꽃에서 오늘날 조향사들이 즐겨 찾는 프루티-플로럴 향의 앱솔루트를 얻을 수 있다. 거의 3세기 전부터, 오스만투스 꽃은 아시아에서 제과와 차, 와인에 향료로 사용되었다. 그리고 장미와 함께 유명한 '광둥 향수'의 주요 성분이기도 하다.

패츌리 *(Pogostemon cablin)*

인도네시아에서 주로 재배되는 패츌리 에센셜 오일은 잎을 증류하여 얻는데, 잎을 반드시 건조하고 묵은 상태에서 작업해야 한다. 1960년대 히피 시대에 크게 유행했던 패츌리는 여전히 많이 사용되지만 부향률은 줄어들었다. 패츌리의 스모키 우드향의 모시(이끼)한 면은 오리엔탈이나 시프레 향수의 노트에 필수적으로 들어간다.

페티그레인 *(Citrus aurantium ssp amara)*

페티그레인 에센셜 오일은 비터오렌지 나무Bigaradier나 레몬 나무, 만다린 나무 등 다른 감귤류 나무의 잎을 증류하여 얻는다. 페티그레인 에센셜 오일은 오드콜로뉴에 시원한 확산감을 주기 위해 탑노트에 항상 사용된다.

후추 *(Piper nigrum)*

후추는 열대 아시아의 덩굴식물인 후추나무의 열매를 말려서 만든 매운 향신료이다. 씨앗을 수증기로 증류하여 푸르스름한 녹색의 에센셜 오일을 얻고 용매제 추출하여 콘크리트를 얻는다. 에센셜 오일은 스파이시하고 프레시한 향이 나는데, 특히 남성용 향수에 주로 사용된다.

로즈마리 *(Rosmarinus officinalis)*

로즈마리는 원산지가 지중해 연안인 매우 향기로운 관목으로 히솝, 타임, 월계수, 라벤더와 같은 과에 속한다. 증류를 통해 라벤더 노트의 향기로운 에센셜 오일을 얻을 수 있다. 로즈마리의 전원풍 노트는 남성용 향수에 더 선명함을 주기 위해 탑노트에 사용된다. 로즈마리 에센셜 오일은 최초의 향수로 잘 알려진 '헝가리 워터Eau de la Reine de Hongrie'의 구성에서 큰 비중을 차지했다.

장미 *(Rosa)*

장미의 품종은 100가지가 넘는다. 향수 제조에서 가장 많이 사용되는 종은 그라스의 센티폴리아 로즈(또는 메이 로즈)와 터키, 불가리아, 모로코에서 재배되는 다마스크 로즈이다. 센티폴리아 로즈는 용매제 추출을 통해 콘크리트를, 이후 앱솔루트를 얻는다. 다마스크 로즈는 더 신선한 에센셜 오일을 얻기 위해 증류하거나, 마찬가지로 앱솔루트로 가공한다. 장미는 자스민과 함께 고대부터 오늘날까지 향수 제조에서 가장 많이 사용되는 꽃 중 하나이다.

샌달우드(백단향) *(Santalum album)*

샌달우드 에센셜 오일은 톱밥을 수증기로 증류해서 얻는다. 주로 인도에서 서식하는 샌달우드는 30년이 지나면서부터 향을 발산한다. 야생 벌채로 인해 성숙목을 구하기 어려워지면서 값이 비싸졌다. 샌달우드는 인도에서 매우 엄격하게 보호되고 있다. 그런 이유로 오늘날 조향사들은 인도산 대신에 호주산 샌달우드의 에센셜 오일을 사용하는데 미세하게 향이 다르다. 샌달우드의 오래 지속되는 따뜻하고 밀키한 향은 우드, 오리엔탈 어코드의 베이스노트에서 아주 소중하게 사용된다.

세이보리 (Satureia hortensis, Satureia montana)

지중해 지역이 원산지인 이 두 종의 세이보리는 높이가 30cm까지 자라는 작은 관목이다. 세이보리는 밝은 초록빛의 사철 푸르른 잎에 장밋빛 꽃을 피운다. 페퍼리한 세이보리 향은 약간 타임 향을 상기시킨다.

클라리세이지 (Salvia sclarea)

클라리세이지 에센셜 오일은 꽃이 피어 있는 식물의 상단 부분을 수증기로 증류하여 얻는다. 용매제로 콘크리트를 추출할 수도 있다. 세이지는 개화가 끝나갈 즈음, 성숙기에 이르면 사람 키 높이까지 자랄 수 있다. 머스크, 앰버 향의 에센셜 오일은 오드콜로뉴와 특히 남성용 향수 구성에 사용되어 우아함을 더해주고 흠 잡을 데 없는 외관으로 마무리해준다.

타젯트 (Tagetes glandulifera)

이 식물을 증류하여 독창적인 프루티-리큐어 향의 에센셜 오일을 얻는다. 꽃을 용매제 추출하여 가벼운 허니 톤을 가진 비교적 플로럴한 앱솔루트를 얻을 수 있다.

타임 (Thymus vulgaris)

타임 에센셜 오일은 말린 허브 잎을 증류하여 얻는다. 에센셜 오일은 헤스페리데, 라벤더, 아로마 어코드를 위한 탑노트에 사용된다. 타임의 진한 노트는 일부 남성용 향수에서 주로 찾아볼 수 있다.

튜베로즈 (Polyanthes tuberosa)

추출로 얻은 튜베로즈 앱솔루트는 향수 제조에 사용되는 진귀하고 값비싼 원료이다. 세기 초 그라스에서 활발하게 생산되던 튜베로즈 앱솔루트는 현재 인도에서 주로 생산되고 있다. 앱솔루트는 초반에는 매우 밀키하고 오일리한 밀랍면을 가진 복합적인 향을 풍긴다. 엄청나게 변화하는 튜베로즈의 신비로운 향은 향수 구성에서 매우 강렬하다.

바닐라 (Vanilla fragrans, Vanilla planifolia)

바닐라는 멕시코에서 유래한 난초과Orchidaceae의 덩굴식물이다. 이후 자바, 레위니옹 그리고 오랫동안 세계 최대 생산지였던 마다가스카르에서 재배되었다. 초기 바닐라 꽃 재배는 큰 난관에 봉착했었다. 멕시코에서 바닐라 꽃의 수분을 돕던 곤충이 인도양에는 없었기 때문이다. 그래서 수작업으로 수분을 하고 최대로 자랄 수 있을 때까지 14개월가량을 기다린 후 여러 가지 숙성 처리 과정을 거쳐야 했다(수확 직후의 바닐라는 아무런 향이 없다). 주로 음식 향료에 사용되면서 바닐라의 부드러운 발사믹한 면은 일부 오리엔탈 향수, 특히 대부분의 겔랑Guerlain 향수의 구성에 포함된다.

베티버 *(Vetiveria zizanoides)*

아이티, 자바, 레위니옹에서 주로 재배되는 번식력이 매우 좋은 베티버는 뿌리를 증류하여 에센셜 오일을 얻는다. 베티버의 우디-프레시 향은 감초와 젖은 흙을 섞은 듯한 향이다. 오래 지속되는 진한 노트는 남성용 향수에 아주 많이 쓰인다.

바이올렛 *(Viola odorata)*

프랑스에서 바이올렛은 그라스 인근의 투레트쉬르루Tourette-sur-Loup에서 주로 재배된다. 향수 제조에는 바이올렛 잎사귀만 사용하는데 꽃잎에는 향이 거의 없기 때문이다. 이 앱솔루트 에센스는 아주 미세한 플로럴 그린 향을 준다.

일랑일랑 *(Cananga odorata)*

일랑일랑 나무는 높이 10m까지 자랄 수 있지만, 꽃을 쉽게 따기 위해 2m까지만 자라도록 유지한다. 필리핀이 원산지로 코모로, 마다가스카르, 인도네시아, 마요트에서 주로 재배된다. 일랑일랑 에센셜 오일은 여러 등급으로 나뉘는데, 일랑 엑스트라, 1등급, 2등급, 3등급이 있다. '가난한 자의 자스민'이라고도 불리는 귀한 일랑일랑 꽃은 애니멀릭한 존재감 있는 진한 향을 가지고 있다. 에센셜 오일은 많은 플로럴, 오리엔탈 계열 향수에 사용된다.

현대 향수 산업

오늘날 향수는 어떻게 만들어질까? 어떤 연금술의 결실인 걸까? 노련한 조향 장인이 만드는 걸까, 아니면 연구실의 화학자들이 만드는 것일까? 우리는 향수를 만드는 사람들에 대해 거의 알지 못한다. 아마도 향수는 너무나도 신비로운 분야이고, 아주 종종 질투심으로 비밀에 감춰져 있어 일반인은 전문자격 입문이 아니라면 접근하기 어려운 분야이기 때문일 것이다. 파트리크 쥐스킨트Patrick Süskind의 감탄할 만한 소설 《향수》에서 몇 가지 향수 제조 원리를 누설한 건, 독자들이 천재적인 재능을 가진 조향사이자 치밀하고 혐오스러운 살인마인 주인공 그르누이의 복합적인 심리에 빠져들도록 하기 위해서였다.

오늘날, 세르주 루텐Serge Lutens은 마르케시 시장을 활보하면서 얻은 후각적인 기억을 구현하기 위해 크리스토퍼 셸드레이크Christopher Sheldrake와 함께 '머스크 쿠빌라이 칸Muscs Koublaï Khan'과 같은 조합을 만들어냈고, 미셸 루드니츠카Michel Roudnitska는 낙원의 향기를 창조해냈으며, 로렌조 빌로레시Lorenzo Villoresi는 피렌체에서 말의 땀을 연상시키는 여성용 향수에 대한 고객의 요청을 구현해보고자 했다. 이 같은 '새로운 조향사들'의 향수에 대한 욕망에는 기묘하고 시적인 무언가가 있다. 하지만 그와 동시에 다국적 대기업에서 침묵을 지키며 일하고 있는 무명의 조향사들도 있다. 이들은 항상 더 복잡하지만, 전 세계에 퍼져 있는 자회사에서 똑같이 구현할 수 있는 향을 만들고 있다. 예를 들면, 코카콜라가 브라질이든, 중국이든 어느 나라에서건 동일한 맛의 제품을 생산할 수 있는 것처럼 말이다.

디오르의 대표 조향사였던 향수계의 거장 에드몽 루드니츠카Edmond Roudnitska는 더 이상 조향사들이 설 자리가 없는 오늘날의 향수 제조의 변화에 대해 한탄했다. 실제로 언제나 더 접근성이 좋은 제품을 만들기 위한 경쟁이 치열하며 전 세계 사람들에게 도달하는 것을 목표로 하고 있다.

*왼쪽 62페이지
레 살롱 뒤 팔레 루아얄Les Salons du Palais Royal 매장, 파리*

브라질에서 에이본Avon 또는 나투라Natura 같은 직판 기업들은 주민들이 아직도 문맹인 아마존의 가장 외진 마을에까지 제품을 유통하고 있다. 향수는 왕족들의 신성한 전유물이던 시대에 살았던 클레오파트라가 본다면 깜짝 놀랄 만한 변화이다. 향수가 꾸뛰르의 주력상품이 아니라 보조물(오늘날로 말하자면 액세서리) 정도로 생각했던 잔 랑방 Jeanne Lanvin이나 코코 샤넬Coco Chanel도 아마 같은 반응을 보일 것이다.

산업 시대의 향수

향수 매장에서 구매하는 향수는 어떤 제작 과정을 거칠까? 사실 '제작'은 향수 자체보다 훨씬 전 단계부터 시작된다.

브랜드 향수의 첫 번째 제작 단계는 제품의 콘셉트, 배급, 이미지를 정하는 것이다. 이 과정을 통해 기업의 '마케팅' 부서에서 정의한 이론적 제품이 도출된다. 이 단계에서 향수의 이름, 스타일, 광고 캠페인이 정해진다. 그런 다음 향수병과 병마개, 패키징을 디자인하는데 콘셉트는 전문 디자인 회사에 의뢰한다. 모든 준비를 갖추면, 향수의 창작 과정이 시작된다. 여러 조향사와 연구소들이 경쟁하며 자신들이 만든 기획을 프레젠테이션한다. 선정이 끝나면, 해당 브랜드는 농축액을 구매하고 향수 제작을 외부에 맡기거나 자체적으로 조향한다. 농축액은 베이스 제품은 동일하지만 다음과 같이 나열된 순으로 부향률이 점점 더 낮아지는, 다양한 비율로 고품질의 알코올과 혼합된다:엑스트레extrait, 퍼퓸perfume, 오드퍼퓸eau de perfume, 오드뚜알렛eau de toilette. 각 브랜드는 비율을 자유롭게 결정할 수 있지만 공개하지는 않는다. 이후 안정화 처리를 거친다. 예전에는 몇 달간의 침출 작업을 통해 안정화 처리를 했지만, 오늘날에는 열처리 기계장치를 통해 안정화 절차를 가속화할 수 있게 되었다. 그렇지만 합성 제품은 더 복합적이고 취약한 천연 제품과 동일한 처리 과정을 거치지 않는다.

이후, 냉동 또는 아이싱을 거쳐 잔여 왁스를 제거한다. 그리고 마지막으로 여과, 병입(스프레이를 위한 진공), 포장 과정을 거친다.

동시에 마케팅이 시작된다.

오늘날 대형 브랜드에 있어 향수 신제품 출시는 동반되는 오뜨 꾸뛰르 컬렉션과 패션쇼보다 훨씬 중요한 일이다. 수백만 달러가 걸린 일로, 조향사에게는 조금의 실수도 허용되지 않는다. 조향사는 마케팅 팀장과 광고 대행사에서 작성한 신제품 설명서를 기반으로, 백화점과 면세점에 차고 넘치는 경쟁사들의 향수들 사이에서 돋보일 만한 향을 창조해야 하는 고된 작업을 맡는다. 이렇게 만들어진 제품은 더 이상 예술품이 아니라 신차와 맞먹는 고성능 제품이다.

합성 화학 제품의 발전으로 향수와 치약, 수분 크림, 향미료를 생산하는 대형 연구실과 조향사들이 매번 '타깃층이 더 분명한' 제품을 만들 수 있게 된 반면, 시장경제는 끊임없이 값을 낮출 것을 요구한다. 오늘날만큼 구성이 복잡하고, 값은 저렴한 향수는 없었다.

예측컨대, 향수의 가격은 날이 갈수록 낮아질 것이다. 향수 용액의 가격이 낮아져서가 아니라(향수 용액은 매장에서 판매되는 향수의 최종 가격에서 1~3%만을 차지한다) 산업 구조의 개편과 규모 경제 때문이다. 오늘날 거의 모든 향수는 LVMH나 로레알 L'Oréal, 에스티 로더 Estée Lauder와 같은 5~6개의 다국적 기업에 편중되어 있다. 또한 향수가 매스 마켓(대중시장)의 시대로 접어들고 있어 온라인 판매 등 판매채널의 다양화와 유통 또한 영향을 미칠 것이다.

그렇긴 해도, 오늘날의 광고는 향수가 연상시키는 환상적이고 세련되면서 럭셔리한 분위기를 유지하려 애쓰고 있다.

왼쪽 66페이지 카롱 Caron 광고, 1947년

실제로 향수는 다른 어떤 감각기억보다 후각 기억의 반사적 반응을 일으킨다. 프루스트가 《잃어버린 시간을 찾아서》에서 묘사한 (베르가못 향의) 마들렌처럼 말이다.

향수는 사치품에서 대중적인 제품이 되었다. 마릴린 먼로가 잠잘 때 '샤넬 N°5'만 몇 방울 '걸치고' 잔다고 말하자 그녀는 더욱 인기를 얻었다. 오늘날 세계에서 가장 많이 팔린 향수 '샤넬 N°5' 오드뚜알렛은 누구나 살 수 있는 가격으로, 단돈 몇 달러에 마릴린처럼 입어볼 수 있다는 꿈을 갖게 한다.

68페이지 상단
겔랑의 향수 '베가 Vega' 광고, 1938년

향기의 유행

향기의 신비로운 세계에서, 향수는 일반적으로 재료로 사용된 주요 에센셜 오일과 연관된 이국적인 이름을 갖는다. 그래서 향수를 시프레chypres(코티의 '시프레chypres' 향수에서 유래), 푸제르fougères, 레더리les cuirs, 오리엔탈 앰버orientaux-ambrés, 헤스페리데hespéridées 등 계열별로 분류하는 것이다.

오늘날 향수 제조는 이른바 '유행'에 의해 이끌리고 있다. 그중 뜻밖의 최신 위험은 '유니섹스' 또는 '남녀 공용' 향수와 바다의 공기를 연상시키는 '오조닉한' 향이다. 향수계는 향수의 역사와 단절될 위험이 있다. 대단히 훌륭한 향수들도 유행이 아니라는 이유로 더 이상 판매되지 않는다.

다행스럽게도 장 파투Jean Patou, 랑콤Lancôme, 카롱Caron, 겔랑Guerlain 같은 일부 브랜드는 과거의 향수를 '리에디션' 제품으로 다시 내놓고 있다. 플로렌스의 산타 마리아 노벨라Santa Maria Novella에서 만든 '카트린 드 메디시스의 향수Eau de Catherine de Médicis'는 최근 큰 성공을 거두었다. 나는 향수계가 상실하고 있는 역사적인 의미를 되살려보고자 과거의 향수에 관한 책을 출판했다.

게다가, 향수를 포함하여 일관되게 선호되는 경향인 위생적인 측면, 더 나아가 치유적인 측면이 점점 더 강해지고 있다. 아로마테라피가 현대에 유행하고 있다고 해서 가장 오래된 치료법이었다는 사실을 잊어버려서는 안 된다.

오늘날 매우 다양한 경향이 존재하는데, 공통된 특징은 에센셜 오일을 사용하여 몸과 마음을 아우르는 동양 사상을 바탕으로 한다는 점이다. 에센셜 오일은 개인의 심신의 균형을 이루도록 해서 치유하는 역할을 한다. 스트레스에 시달리는 현대사회에서 이러한 균형 개념은 향수 자체도 구성 요소 간의 균형이 빚어낸 결과물이라는, 향수의 새로운 이미지에 부합한다. 시세이도SHISEIDO 연구센터 사이토 쓰토무는 바로 그 점을 주목했다. "소비자는 사회의 스트레스와 주변의 공해로부터 자신을 보호해주는 향수를 원합니다." 시세이도는 첫 안티 스트레스anti-stress 향수를 출시하기 전, 연구를 통해 일반적으로 향수와 특정 에센셜 오일에 진정 효과가 있음을 입증했다.

소비자들은 점점 더 향만 좋은 향수가 아니라 자신이 '편안해지도록' 도와주는 향수를 찾게 될 것이다. 이제 타인이 아닌 스스로를 유혹하는 향수가 더 인기를 끌 것이다. "내가 아름답고 균형적이면, 나는 유혹할 수 있을 것이다"라는 생각은 미래의 여성 그리고 남성의 신념이 될지도 모른다.

오늘날 소비자들은 이러한 웰빙과 아이덴티티 추구를 쟁취로 바꿀 수 있다. 유행하는 무수히 많은 향수와 유명 브랜드의 클래식한 향수 또는 리에디션 향수 중에서, 혹은 조향 장인들의 전통을 되살린 고급 향수와 천연 제품으로의 회귀를 권하는 세련된 매장에서 하나의 향수를 고르면서 말이다. 결국, 소비자들은 점점 더 스스로 노력하며, 자신의 후각 환경을 구상하는 데 참여할 것이다. 우리가 이 책에서 권하는 것처럼 말이다.

69페이지 하단
장 파투의 향수 '콜로니Colony' 광고, 1938년

레시피 수첩

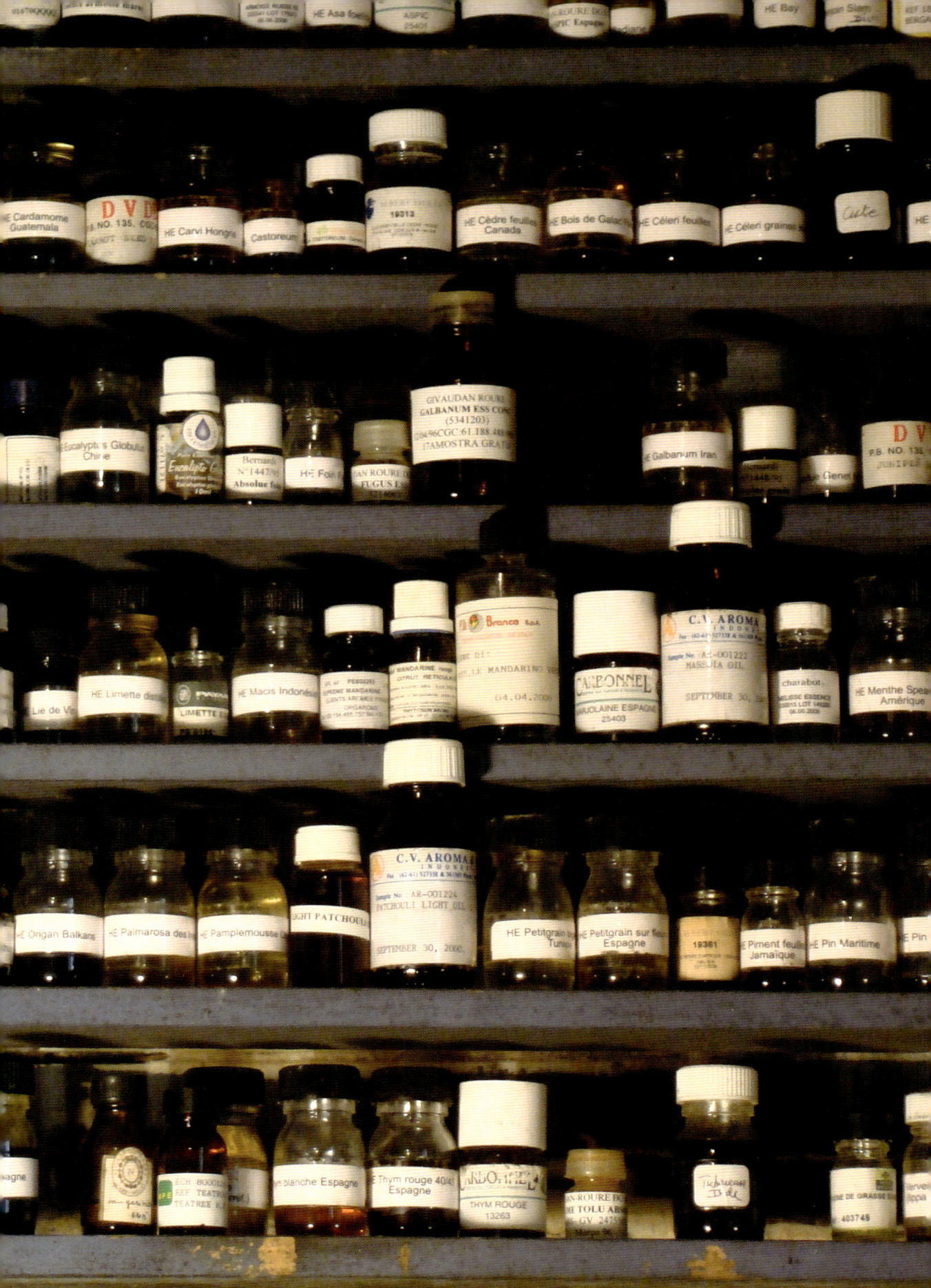

창작의 기술

한 권의 요리책으로 뛰어난 요리사를 만들 수는 없다. 향수를 제조하다 보면 미식가들이 겪는 몇 가지 문제를 마주하게 될 것이다. 일부 원료의 품질과 특수성 그리고 희귀성은 민감한 주요 변수이다. 베티버Vétiver 에센셜 오일 또는 장미 앱솔루트를 예로 들어보자. 베티버는 레위니옹 또는 자바에서 생산되며 장미는 불가리아, 터키 또는 모로코에서 생산되는데 원산지에 따라 달라진다. 그리고 생산일에 따라서도 차이가 나는데, 너무 오래된 재고는 주의해야 한다. 그 외에 판매자의 정직함도 주요 변수 중 하나이다. 일부 양심 없는 판매자는 값이 더 싼 합성 장미 오일을 섞어 팔기도 하기 때문이다. 그러나 무엇보다도 개인마다 기호가 다르기에 고정된 레시피를 제공하는 것은 독자들의 감각이 획일적이리라 기대하는 셈이다. 이 책에서 소개하는 레시피에서 우리는 향수를 '커스터마이징'할 수 있는 여지를 남겨둘 것이다. 원하는 제품에 도달하기 위해서 균형을 조정하거나 심지어는 재료를 바꿀 수도 있다. 원하는 제품에 근접하기만 해도 좋다. 완벽함이란 존재하지 않는다. 그러려면 사전에 향수의 구성에 대한 공부가 필요하다. 레시피를 이러저러하게 따라해보기에 앞서 이에 관한 내용을 먼저 읽어보기를 권한다.

향수를 어떻게 구성할까?

  조향은 기본적으로 여러 구성 요소(에센셜 오일, 앱솔루트 등) 간의 조화를 추구하는 것이다. 그다음 과정, 즉 용매(알코올) 또는 수용체(오일, 비누)와의 혼합은 간단하고 늘 동일하다.

  원리만 기억하면 된다. 노트를 조합하여 하나의 어코드, 어코드를 조합하여 하나의 구성을 만든다. 노트는 에센셜 오일이며 각각의 에센셜 오일은 장미, 자스민, 베티버 등 정의된 하나의 원료로 만든다. 어코드는 여러 노트의 조합이다. 예를 들어, 장미와 머스크를 균형 있게 혼합하면 두 가지 노트를 가진 하나의 단순한 어코드가 된다. 구성은 조화를 이루는 여러 어코드의 조합이다.

  창작자에게는 아주 많은 수의 노트가 존재한다. 우선 천연 에센셜 오일, 앱솔루트, 콘크리트, 레지노이드 등 다양한 가공방식을 통해 만들어진 모든 재료가 있다. 에센셜 오일은 증류로, 콘크리트와 앱솔루트는 냉침 또는 휘발성 가스 추출로 만들어지며, 레지노이드는 고무와 수지를 처리해서 얻는다. 그리고 마지막으로 침용은 알코올에 바닐라 또는 용연향 같은 재료를 우려내어 아로마가 방출되도록 하는 방식이다. 시장에는 500가지 이상의 에센스가 존재한다. 창작자들은 각자의 선호도에 따라 100개 남짓한 에센스를 사용한다. 향수 제조를 위한 주요 생산 연구소에서 제안하는 수백 가지의 합성 제품과 베이스 제품도 있다. 이러한 합성 베이스 중 일부는 내추럴 노트를 재현한 것이거나 과일처럼 에센셜 오일 상태로는 존재하지 않는 자연의 아로마를 해석한 것이거나 천연 재료보다 더 내추럴한 향의 노트를 주고 싶을 때 사용한다. 예를 들어 신선한 자몽 주스 노트를 원한다면, 자몽 껍질을 냉압착해서 얻은 자몽 에센스보다는 자몽 합성 베이스가 더 정확한 향을 낸다.

  첫 시도를 위해서 몇 가지 에센셜 오일을 선택해 약초 판매점이나 인터넷 사이트에서 구매하도록 한다.

천연 제품을 우선해서 선택하길 권고한다. 천연 제품은 더 비싸긴 하지만 더 아름답고, 이미 좋은 재료로 작업한다는 장점이 있다.

노트는 교육적 단순성을 위해 베이스노트, 미들노트, 탑노트로 나눈다. 베이스노트는 향수의 기반을 이루며 향수에 깊이감과 지속성을 준다. 미들노트는 베이스노트를 보완하는 역할로 우아함과 균형감을 준다. 가장 휘발성이 강한 원료로 구성된 탑노트는 케이크 위의 샹띠Chantilly 크림과도 같다. 즉, 가장 중요한 요소는 아니지만 소비자가 단번에 인지하는 것은 바로 가볍고 즉각적으로 기분 좋은 탑노트이다.

향수 또는 오드콜로뉴를 구성하기 위해서는 세 가지 어코드 구성을 따라야 한다. 더 명료한 설명을 위해, 가장 고전적인 구성인 시프레를 예로 들어보자. 수많은 향수가 시프레 계열이고, 무수히 많은 버전이 있다. 거의 한 세기 전부터 프랑수아 코티의 '시프레'가 기준이 되어왔지만, 지중해 섬 키프로스는 예부터 언제나 향수를 생산해왔기 때문에 고대부터 소위 시프레 구성은 존재했다.

향수의 구성은 베이스노트부터 시작한다. 시프레의 경우 지배적인 노트는 아주 전원적이고 오래 지속되며 휘발성이 거의 없는 재료인 오크모스 앱솔루트가 되어야 한다. 구성에 개성 있는 특징을 더해주기 위해서는 이 오크모스 노트를 패츌리, 시더우드, 앰버, 시스투스 랍다넘, 베티버 등 다른 베이스노트와 조합해 조화를 이루도록 해야 한다.

앰버향 노트를 선택했다고 예를 들어보자. 다음과 같은 방법으로 직접 어코드 실험을 해 볼 수 있다.

작은 시험관 또는 유리 공병에 약간의 알코올을 첨가해서 두 성분을 섞고 점차 앰버향의 양을 늘려본다. 예를 들어, 알코올 30방울 베이스에 두 성분을 다음과 같이 차례로 방울별로 배합한다.

- 오크모스 앱솔루트: 9 8 7 6 5
- 앰버 팅크 또는 합성 베이스: 1 2 3 4 5

이렇게 총 10방울(혹은 장비에 따라 그램)의 배합을 이용한 다섯 번의 실험을 통해 두 가지 재료의 후각 강도에 따라 가장 마음에 드는 어코드를 찾는다.

내가 실험을 통해 자유롭게 선택한 비율은 다음과 같다.

- 오크모스 앱솔루트: 6
- 앰버 팅크 또는 합성 베이스: 4

그리고 나는 여기에 다음 성분을 소량 추가했다.

- 시더우드 에센셜 오일: 1

미들노트는 단순함과 품질을 중점적으로 생각해 이 단계에서 다른 어떤 부가물도 필요치 않은 장미 앱솔루트를 골랐다.

탑노트는 모든 시트러스 계열 중에서 선택하면 된다. 레몬, 오렌지, 만다린, 자몽, 라임, 베르가못이 있다. 베이스 어코드의 예시에 따라, 그리고 원료의 향을 자유롭게 맡아본 후 시트러스 계열 중에서 두 가지를 골라 앞의 방식처럼 똑같이 해보는 것이다. 자몽과 베르가못을 택했다고 해보자.

나는 다음의 비율을 골랐다.

- 자몽 에센셜 오일: 3
- 베르가못 에센셜 오일: 2

이제 우리는 세 가지 어코드를 조합하여 다음과 같은 포뮬러를 도출해낼 수 있다.

- 자몽 에센셜 오일: 3
- 베르가못 에센셜 오일: 2
- 장미 앱솔루트: 3
- 오크모스 앱솔루트: 6
- 앰버 팅크 또는 합성 베이스: 4
- 시더우드 에센셜 오일: 1

이렇게 만들어진 시프레 베이스는 여러 용도로 사용할 수 있다. 그대로 사용할 수도 있고, 이 구성 안에서 특정 성분을 늘리거나 줄일 수도 있고, 다른 구성을 만들 때 베이스로 활용할 수도 있다. 예를 들어 베티버 향수(86페이지 참조)를 만들기 위해 앞서 설명한 점차 비율을 바꿔보는 실험을 통해, 한 가지 성분을 변경한 뒤 다른 성분으로 교체할 수 있다.

시프레, 오리엔탈, 콜로뉴와 자스민, 장미, 튜베로즈 같은 천연 플로럴 에센셜 오일 또는 은방울꽃 같은 합성 에센셜 오일로 다양하고 간단한 기분 좋은 향수를 수십 가지나 만들 수 있다.

향수를 어떻게 제조할까?

구성이 끝나면 향수를 제조한다. 보통 첫 시도에서는 스포이드를 사용하면서 적은 양을 만들 것이다. 500ml 이상의 용량을 만들고 싶다면 단위를 그램으로 바꾸고 작은 정밀 저울을 준비해야 한다. 이 경우, 방울에 해당하는 그램을 측정하기 위해서 각각의 에센셜 오일 별로 실험을 해야 한다. 원료마다 밀도가 다르기 때문이다. 모든 경우에 제조는 동일하다. 와인병 등 각자 좋아하는 유리병에 알코올과 함께 에센셜 오일을 담아 잘 섞어준다. 그리고 코르크 같은 것으로 마개를 한 뒤 한 달가량 그대로 둔다.

알코올은 에틸알코올이나 에탄올을 사용한다. 가장 이상적인 것은 97% 알코올이지만, 일반적으로 구할 수 있는 것은 90% 알코올일 것이다. (리큐어용으로) 더 약한 알코올을 원하는 경우, 간단하게 물을 섞어서 알코올 정량을 줄이면 된다. 90% 알코올과 물을 1:1의 비율로 섞으면 45%의 알코올이 된다.

한 달간의 숙성이 끝나면, 향 혼합물을 하룻밤 동안 냉동실에 넣었다가 될 수 있으면 유리로 된 깔때기에 여과지를 사용하여 여과한다. 향수가 완성되었다. 그러나 이제 6개월간 시간이 지나면서 향이 더 좋아질 것이다. 그런 다음, 향수를 바로 사용하지 않는다면 서늘하고 어두운 곳에 보관하도록 한다.

시프레 베이스 레시피

- 알코올   100 ml
- 자몽 에센셜 오일   4.5 ml
- 베르가못 에센셜 오일   3 ml
- 장미 앱솔루트   4.5 ml
- 오크모스 앱솔루트   9 ml
- 앰버 팅크 또는 합성 베이스   6 ml
- 시더우드 에센셜 오일   1.5 ml

혼합 후 서늘하고 빛이 들지 않는 곳에 한 달가량 둔다. 유리병을 하룻밤 동안 냉동실에서 냉각한 후 미세한 여과지(조향용 특수 여과지)를 사용하여 여과한다. 향수는 완성되었지만 몇 달간 '숙성'시킨 후 사용하는 것이 더 좋다.

시프레 계열

시프레 계열이 오늘날 향수 판매점에서 가장 많은 수를 차지한다. 의심의 여지 없이 시프레 계열은 매우 확장성이 높기 때문이다. 시프레는 관능적이거나 세련된 향을 주고 남성용 향수와 여성용 향수 모두에 사용된다. 83페이지에서 시프레 레시피를 소개했다. 여기서는 시프레 베이스로 만들 수 있는 몇 가지 레시피를 소개하려 한다. 창의력을 발휘하여 한 가지 재료(에센스) 또는 여러 가지 재료를 첨가하면서 응용해볼 수 있다. 다만, 새로운 재료를 추가할 때는 언제나 한 방울씩 첨가하도록 하자.

시프레 베티버

베티버는 남성 향수의 클래식이지만 여성들도 많이 찾는 등 마니아들이 많아, 베티버 애호가 클럽까지 있다고 한다. 여기에서는 83페이지의 시프레 베이스로 만들 수 있는 매우 고전적인 시프레 버전을 소개한다. 시프레 베이스는 미리 만들어둔 것을 사용하거나 혼합할 때 만들어서 쓰면 된다.

레시피

- 시프레 베이스 (83페이지 참조)
- 부르봉 베티버 에센셜 오일   7ml

베티버 에센셜 오일은 매우 가변적이고 종종 매우 쓴 향이 나기 때문에 처음 시도할 때 비율을 수정해야 할 수도 있다. 레위니옹으로 휴가를 가거나, 혹은 거기 살거나 살고 있는 친구가 있다면 그곳에서 베티버 에센셜 오일을 꼭 사길 바란다. 세계 최고의 베티버 에센셜 오일을 접하게 될 것이다.

혼합 후 한 달가량 둔다. 유리병을 하룻밤 동안 냉동실에서 냉각한 후 미세한 여과지(조향용 특수 여과지)를 사용하여 여과한다. 향수는 완성되었지만 몇 달간 '숙성'시킨 후 사용하는 것이 더 좋다. 향이 너무 강하게 느껴진다면 알코올 반량에 희석하라.

시프레 패츌리

패츌리는 19세기에 매우 유행했는데 히피 시대에도 인기를 끌었다. 오리엔탈 향수 제조에 있어서 훌륭한 고전적 재료이다. 여기서는 시프레 베이스를 이용한 다소 가벼운 버전의 패츌리 레시피를 소개하겠다.

레시피

- 시프레 베이스(83페이지 참조)
- 자바 패츌리 에센셜 오일 4.5ml

혼합 후 한 달가량 둔다. 유리병을 하룻밤 동안 냉동실에서 냉각한 후 미세한 여과지(조향용 특수 여과지)를 사용하여 여과한다. 향수는 완성되었지만 몇 달간 '숙성'시킨 후 사용하는 것이 더 좋다.

시프레 블랙베리

블랙베리는 과일이기에 당분을 함유하고 있다. 그래서 블랙베리를 증류해도 에센셜 오일을 얻을 수 없다. 당분의 증류로 만들어진 알코올이 에센셜 오일을 '들이마시기' 때문이다. 따라서 과일의 에센스는 껍질에서 추출하는 시트러스 계열을 제외하고는 합성일 수밖에 없다. 하지만 왜 쓰지 않는가? 1990년대에 조향 장인의 블랙베리 머스크 향수가 엄청난 인기를 끌었다. 입술을 핥는 버릇이 있는 사람들을 위해 아주 달콤한 시프레 블랙베리를 소개한다.

레시피

- 시프레 베이스 (83페이지 참조)
- 합성 블랙베리 에센셜 오일   3ml

합성 블랙베리 에센셜 오일은 다양한 연구소에서 만들어지기 때문에 비율을 다시 살펴볼 필요가 있다. 3ml의 양은 전적으로 참고하기 위한 것이다. 또한 단맛에 대한 취향에 따라 이 비율을 조정할 수도 있다.

혼합 후 한 달 가량 둔다. 유리병을 하룻밤 동안 냉동실에서 냉각한 후 미세한 여과지(조향용 특수 여과지)를 사용하여 여과한다. 향수는 완성되었지만 몇 달간 '숙성'시킨 후 사용하는 것이 더 좋다.

오리엔탈 향수

향수의 큰 계열 중에서 오리엔탈은 특별한 유형이다. 수천 년 전부터 동양의 영향력을 농축하고 있다.

우선 향수 제조의 기술은 동양의 것이다. 그리고 그 기술이 프랑스에 도달했을 때, 처음 지중해의 영향을 받은 곳은 남부의 그라스였다. 우리는 지구만큼이나 오래된 훌륭한 에센스를 가지고 똑같은 어코드를 끊임없이 반복하고 있다. 조르주 상드는 1830년대에 유럽에서 오리엔탈리즘의 유행을 되살렸는데 패츌리를 특히 좋아했다. 여기서 조르주 상드 향수의 '완화된' 버전을 소개할 예정이다. 이후 프랑수아 코티가 세기 초에 그리고 이브 생로랑이 1970년대에 오리엔탈 향들을 재발견했다. 오리엔탈 향수는 화려한 미(美)와 관능을 자랑하는 '향수 중의 향수'이다. 유일한 단점은(천연 원료를 사용한다면) 비싼 가격이다. 하지만 여기서는 자부심을 갖고 그야말로 고급 향수인 천연 100% 오리엔탈 향수를 소개해보겠다.

향수를 좀 더 부드럽게 만들고 싶다면, 바닐라빈 깍지를 통째로 향수병에 넣은 뒤 숙성시킨다.

레시피

- 알코올　　　　　　　　　　120ml
- 베르가못 에센셜 오일　　　6ml
- 시칠리아 레몬 에센셜 오일　6ml
- 일랑일랑 에센셜 오일　　　1ml
- 장미 앱솔루트　　　　　　　5ml
- 패츌리 에센셜 오일　　　　6ml
- 앰버 팅크 또는 합성 베이스　5ml
- 샌달우드 에센셜 오일　　　5ml
- 시더우드 에센셜 오일　　　1ml
- 프랑킨센스(유향) 에센셜 오일　1ml
- 미르(몰약) 에센셜 오일　　1ml

혼합 후 한 달가량 둔다. 유리병을 하룻밤 동안 냉동실에서 냉각한 후 미세한 여과지(조향용 특수 여과지)를 사용하여 여과한다. 향수는 완성되었지만 몇 달간 '숙성'시킨 후 사용하는 것이 더 좋다.

조르주 상드 George Sand 의 향수

조르주 상드는 엄청난 향수 애호가였다. 노앙의 성에서 세안 비누를 만들어 썼고 향신료 요리를 좋아했으며 정원에는 아로마 식물을 심었다. 연인 쇼팽이 가장 좋아하는 보리수나무 아래에서 몽상하고 있으면 조르주 상드는 자스민과 장미에 심취해 있었다. 하지만 조르주 상드가 가장 좋아했던 것은 패츌리였다. 그녀가 만들었던 진한 오리엔탈 향수를 나는 최근에 조르주 뤼뱅 Georges Lubin의 서간집을 참고하여 재현하기도 했다. '노앙의 귀부인' 조르주 상드는 말년에 좀 더 가볍거나 베르가못이 지배적인 향수를 더 좋아했다. 여기서 소개할 레시피가 바로 그 완화된 버전이다.

레시피

- 알코올   240ml
- 베르가못 에센셜 오일   12ml
- 시칠리아 레몬 에센셜 오일   12ml
- 일랑일랑 에센셜 오일   1ml
- 장미 앱솔루트   5ml
- 패츌리 에센셜 오일   6ml
- 앰버 팅크 또는 합성 베이스 5ml
- 샌달우드 에센셜 오일   5ml
- 시더우드 에센셜 오일   1ml
- 프랑킨센스(유향) 에센셜 오일 1ml
- 미르(몰약) 에센셜 오일   1ml

고전적인 오리엔탈 향수와 동일한 포뮬러이지만 베르가못과 레몬의 비율을 두 배로 늘렸고 알코올의 양을 추가해 희석했다.
혼합 후 한 달가량 둔다. 유리병을 하룻밤 동안 냉동실에서 냉각한 후 미세한 여과지(조향용 특수 여과지)를 사용하여 여과한다. 향수는 완성되었지만 몇 달간 '숙성'시킨 후 사용하는 것이 더 좋다.

고대 이집트의 키피 Kyphi

파라오 시대에 향수는 이미 지중해 동쪽 연안 사람들의 삶에서 특별한 기능을 맡고 있었다. 이집트의 아로마 구성 중에서 가장 유명하고 신비한 것은 키피이다. 키피는 훈증에 쓰이거나 와인 같은 마실 것에 섞어 마시는 등 다양한 용도로 사용되었다. 신성하면서도 동시에 세속적이고 치료적인 목적으로 쓰였다. 이 고대 향수는 다섯 가지 버전의 레시피가 알려져 있다. 그중 두 가지가 이집트식인데, 하나는 상형문자로 에드푸 신전에 새겼고(기원전 147-105) 일부는 로마 시대에 필레 신전 벽면에 옮겨 새겼는데 나머지 세 가지 레시피는 디오스코리데스, 플루타르코스, 갈리에누스에 의해 그리스어로 기록되었다.

키피는 열 댓 가지의 재료로 구성되어 있으며 그중 열 가지는 일반적으로 다양한 포뮬러에 등장한다. 기름골Souchet, 주니퍼베리, 건포도, 정제된 테레빈(해송) 수지, 향기나는 갈대, 금작화, 향등나무, 몰약(미르), 와인, 꿀이다. 그리스 문헌에는 여기에 시나몬, 카다몸, 사프란 등 추가된 다른 향료들을 밝히고 있다. 이집트인들은 민트와 헤나를 추가했다. 이 기묘한 아로마 배합은 스파이시 노트로 마무리되는 수지류의 향을 발산한다.

여기서는 현대 향수 형태의 단순화된 버전을 소개하겠다. 그러나 주요 아로마 구성분은 그대로이며 이 레시피는 파라오 시대에 이미 존재했던 천연 재료들로만 구성되어 있다.

레시피

- 알코올　　　　　　　　　　100ml
- 주니퍼베리 에센셜 오일　　　1.5ml
- 금작화 앱솔루트　　　　　　9ml
- 장미 앱솔루트　　　　　　　4.5ml
- 미르(몰약) 에센셜 오일　　　1.5ml
- 시나몬 에센셜 오일　　　　　1.5ml
- 카다몸 에센셜 오일　　　　　1.5ml
- 벤조인 레지노이드　　　　　1.5ml
- 시더우드 에센셜 오일　　　　3ml

에센셜 오일을 알코올에 배합한다. 혼합 후 한 달가량 둔다. 유리병을 하룻밤 동안 냉동실에서 냉각한 후 미세한 여과지(조향용 특수 여과지)를 사용하여 여과한다. 향수는 완성되었지만 몇 달간 '숙성'시킨 후 사용하는 것이 더 좋다.

손수건용 향수

이19세기 말 레시피에서 예술적인 삶과 향수를 뿌리는 특별한 방식을 엿볼 수 있다. 향수를 원피스, 속치마, 외투의 끝단에 살짝 뿌린다. 가방 속에 든 손수건은 가방 주인의 개성을 드러내는 후각적인 표식이다. 향수를 뿌린 손수건을 사랑하는 사람에게 주거나 자신을 연모하는 이가 가져가도록 무심히 떨어뜨린다. 손등 키스를 위해 장갑에도 향수를 뿌린다. 여성은 자신이 아름답고 매력 있음을 상기하기 위해 손수건을 코에 가져다 대고 향을 맡는다. 이 향수에 젖게 하는 레시피를 보면 과거의 세련된 삶의 방식으로 돌아가고 싶은 욕구가 생길지도 모른다. 아니면 합성 민트향이나 레몬향을 입힌 일회용 종이 손수건을 고수할 수도 있을 것이다.

이번에 소개할 레시피의 향수는 손수건과 장갑에 몇 방울 떨어뜨려 사용하면 된다. 물론 몸에 뿌릴 수도 있다. 시원하면서도 관능적이다. 장미와 용연향(앰버), 영묘향(시베트)은 향의 지속성을 높여주고 라벤더와 베티버는 향을 살짝 가볍게 해준다. 완벽한 효과를 위하여 레이스 손수건을 고르도록 하자.

레시피

- 알코올   100ml
- 장미 앱솔루트   6ml
- 라벤더 에센셜 오일   3ml
- 네롤리 에센셜 오일   3ml
- 바닐라 팅크   2ml
- 베티버 에센셜 오일   2ml
- 블랙커런트 버드 카시스 에센셜 오일   2ml
- 앰버 팅크 또는 합성 베이스   0.5ml
- 시베트 팅크   2ml

혼합 후 한 달가량 둔다. 유리병을 하룻밤 동안 냉동실에서 냉각한 후 미세한 여과지(조향용 특수 여과지)를 사용하여 여과한다. 향수는 완성되었지만 몇 달간 '숙성'시킨 후 사용하는 것이 더 좋다.

버킹엄 궁전 부케

이 레시피는 빅토리아 시대의 레시피로, 여왕이 사용한 향수의 것인지는 확실하지 않다. 하지만 빅토리아 여왕의 열정적 성격을 고려해볼 때, 조향사들은 여왕을 유혹하여 궁에 입성시킬 만한 향수를 만들려고 시도했을 것이다. 빅토리아 시대는 생기 넘치고 순수한 예술이 꽃피던 시대였다. 조향사들이 반드시 지켜야 하는 원칙이 한 가지 있었는데, 바로 일명 '부케bouquet' 구성이었다. 약간의 용연향 Ambre gris이 자스민, 오렌지꽃, 장미, 아이리스, 라벤더 등 여러 꽃들을 받쳐주며 모아주는 구성이어서 그렇게 불린다.

비경제적인 향수이지만, 우리를 화려한 금으로 장식된 버킹엄 궁전의 내부, 영국의 왕들이 오랫동안 수집해온 여러 이탈리아 걸작품 사이로 데려다줄 것이다.

레시피

- 알코올 100ml
- 네롤리 에센셜 오일 7ml
- 블랙커런트 버드 에센셜 오일 2ml
- 앰버 팅크 또는 합성 베이스 0.5ml
- 장미 앱솔루트 3ml
- 50% 아이리스 버터 2ml
- 자스민 앱솔루트 3ml

혼합 후 한 달가량 둔다. 유리병을 하룻밤 동안 냉동실에서 냉각한 후 미세한 여과지(조향용 특수 여과지)를 사용하여 여과한다. 향수는 완성되었지만 몇 달간 '숙성'시킨 후 사용하는 것이 더 좋다.

외제니 Eugénie 황후 부케

이번에는 황실의 부케이다. 나폴레옹 3세와 황후 외제니는 아름다운 것들을 좋아했다고 알려졌는데, 그중에서도 특히 향수를 좋아했다. 황실의 전속 조향사 중에는 겔랑의 조향사들도 있었다. 여기서 소개할 레시피는 당시 전 세계의 여성들이 좋아했던 꽃 부케로(당시 진한 향수들은 '화류계 여성들'이 선호하곤 했다), 남편을 타오르게 만들기 위해서가 아니라 '품위'에 어긋나지 않기 위한 것이었다. 무엇보다 과하지 않고 관능적인 노트도 없다. 엄격하게 꽃과 달콤한 노트만 사용되었다. 이번에 소개할 향수에서는 새롭게 달콤한 노트를 더해주기 위해 통카콩에서 추출한 쿠마린을 사용할 것이다.

머스크는 향이 노골적이지만 달콤한 장미 부케에 약간의 지속력을 위해 필요하다. 그리고 외제니 황후는 빅토리아 여왕만큼 단호하지는 않았으니 괜찮다.

루브르 박물관의 복도에 감도는 외제니 부케 향기를 상상해보자.

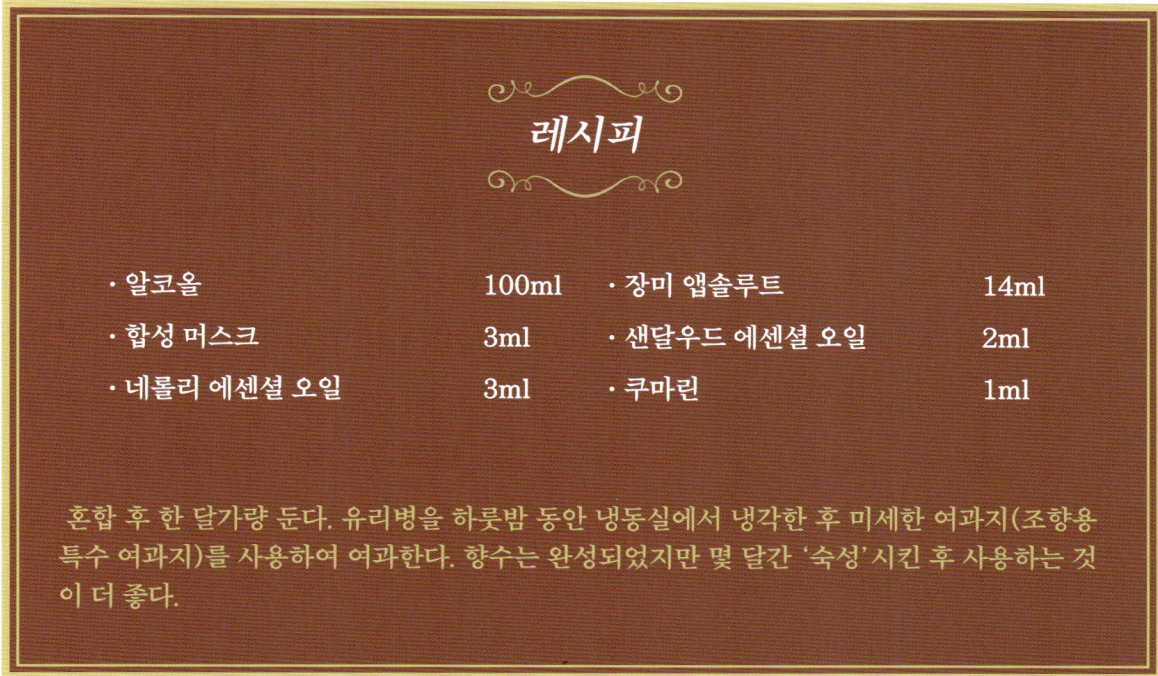

레시피

- 알코올   100ml
- 합성 머스크   3ml
- 네롤리 에센셜 오일 3ml
- 장미 앱솔루트   14ml
- 샌달우드 에센셜 오일 2ml
- 쿠마린   1ml

혼합 후 한 달가량 둔다. 유리병을 하룻밤 동안 냉동실에서 냉각한 후 미세한 여과지(조향용 특수 여과지)를 사용하여 여과한다. 향수는 완성되었지만 몇 달간 '숙성'시킨 후 사용하는 것이 더 좋다.

조키 클럽 부케

제국 시대부터 벨에포크[1] 시대의 상류 사회에서 빼놓을 수 없는 것이 있다. 바로 경마이다. 조키 클럽Jockey-club은 소수 특권자들의 만남의 장소로, 그곳에 모습을 드러내면 만남을 가지러 왔다는 뜻이다. 또 다른 행운의 장소로 유명한 오페라 극장보다 훨씬 더 다양한 유혹의 기술이 펼쳐진다. 하지만 경마장이나 찻집에서 숙녀들은 가벼운 외출용 의상을 과시하고 서서히 희미하게 향이 날아가는 향수나 당시 유행하는 부케를 골랐다. 바로 튜베로즈, 아이리스, 자스민, 장미 부케로 이 조합은 20세기 초 조키 클럽의 '4 우승마'였다.

---

1) Belle Époque. '아름다운 시대'라는 뜻으로, 19세기 말부터 제1차 세계대전 발발 전까지 태평성대를 누리던 시절을 말한다.

레시피

- 알코올 100ml
- 장미 앱솔루트 6ml
- 튜베로즈 앱솔루트 7ml
- 블랙커런트 버드 카시스 에센셜 오일 1ml
- 자스민 앱솔루트 4ml
- 합성 머스크 2ml

혼합 후 한 달가량 둔다. 유리병을 하룻밤 동안 냉동실에서 냉각한 후 미세한 여과지(조향용 특수 여과지)를 사용하여 여과한다. 향수는 완성되었지만 몇 달간 '숙성'시킨 후 사용하는 것이 더 좋다.

레시피

- 알코올 100ml
- 네롤리 에센셜 오일 4.5ml
- 로즈마리 에센셜 오일 3ml
- 오렌지 에센셜 오일 7ml
- 레몬 에센셜 오일 7ml
- 베르가못 에센셜 오일 4ml

혼합 후 한 달가량 둔다. 유리병을 하룻밤 동안 냉동실에서 냉각한 후 미세한 여과지(조향용 특수 여과지)를 사용하여 여과한다. 향수는 완성되었지만 몇 달간 '숙성'시킨 후 사용하는 것이 더 좋다.

클래식 오드콜로뉴

1693년, 이탈리아 조향사 조반니 파올로 페미니스Giovanni Paolo Feminis는 쾰른에 정착해 '헝가리 워터Eau de la Reine de Hongrie'(108페이지 참조)와 자신이 만든 '오 아드미라블Eau Admirable[1]'을 성공리에 팔았다. 하지만 '오 아드미라블'을 발전시켜 18세기 중반부터 베스트셀러로 만든 사람은 그의 조카 잔 마리아 파리나Gian Maria Farina였다. 주요 고객이던 프랑스인 들은 이 향수가 쾰른에서 만들어졌다고 해서 '오드콜로뉴Eau de Cologne'라고 했다. 당시는 유럽 전쟁이 한창이어서 모든 진영의 부대가 쾰른을 오갔다. 그 덕에 파리나의 향수는 더욱 이름을 알리며 인기를 끌었다. 뒤이어 '장 마리 파리나Jean-Marie Farina'는 나폴레옹 시대에 파리에서 황제에게 오드콜로뉴를 팔았고, 나폴레옹은 이 향수 없이는 지낼 수 없을 정도로 애용하게 되었다. 나폴레옹은 매일 오드콜로뉴로 마사지를 하고 심지어는 마시기도 했다. 파리나는 매일 수 리터의 오드콜로뉴를 황실에 공급해야 했다. 오드콜로뉴를 오크통에서 숙성시켰는데 나폴레옹은 출정을 나갈 때면 이 오크통을 몇 통씩 챙겨갔다. 결국 파리나는 1862년에 로저앤갈레Roger&Gallet에 사업을 넘겼고, 로저앤갈레에서는 오늘날에도 '파리나의 물Eau de Farina'을 생산하고 있다. 남성들에게 오드콜로뉴는 종종 '애프터셰이브 스킨' 또는 '오드뚜알렛'이라 불린다. 1970년대 후반이 되어서야 일반 대중 시장에 주목할 만한 변화가 생겼다. 댄디가이들이 향수를 뿌리기 시작한 것이다. 물론 마릴린 먼로가 잠옷으로 '샤넬 N°5' 한 방울만 걸치고 잔다고 말하며 관능적인 모습을 드러냈지만 그녀와 동시대 배우였던 존 웨인이 비슷한 고백을 한다는 건 여전히 상상할 수 없는 일이었지만 말이다.

오드콜로뉴는 가벼운 향수여서 일상생활에서 사용하기 매우 유용하다. 운동 후에, 주위의 시선을 끌고 싶지 않을 때, 향수 취향을 잘 모르는 친구를 만날 때, 아이들에게 가볍게 뿌려줄 때 사용하기 좋다. 요컨대, 언제나 가지고 다니면서 쓸 수 있는 향수이다.

모든 오드콜로뉴는 가볍고 휘발성이 좋다. 오드콜로뉴의 포뮬러는 셀 수 없을 정도로 많다. 여기서는 가장 클래식한 오드콜로뉴 레시피를 소개하겠다.

---

[1] Eau Admirable. 프랑스어로 '감탄스러운 물'이라는 의미

오드콜로뉴,
잉글리시 라벤더

영국인들은 18세기부터 라벤더 오드콜로뉴를 특별히 여겼다. 영국에는 라벤더가 없었기 때문일 것이다! 이후 영국의 라벤더 오드콜로뉴는 유럽으로 퍼져 나갔다. 19세기에서 20세기까지 신사들 혹은 진지하고 모범적인 이미지를 원하면서 관능성은 숨기고 싶은 남자들은 라벤더, 특히 잉글리시 라벤더를 뿌렸다. 1970년대~1980년대에 남성 향수 시장이 크게 성장하면서 라벤더의 영향력은 줄어들었다. 마치 여성들에게 장미가 그랬던 것처럼 말이다. 하지만 라벤더는 죽지 않았다. 언젠가 다시 각광받을 날이 올 것이다.

라벤더 향수는 작업하기가 꽤 수월하다. 무엇보다 정말로 라벤더 향이 나야 한다. 게다가 라벤더 에센스는 개성이 있는 데다 향이 진해 경쟁할 수 있는 향이 거의 없다. 하지만 라벤더에 약간의 깊이감과 차별성을 줄 수 있다.

이렇게 만들어볼 것을 권한다.

레시피

- 알코올 100ml
- 라벤더 에센셜 오일(일반적으로 더 저렴한 라반딘 에센셜 오일) 12ml
- 클라리세이지 에센셜 오일 2ml
- 베르가못 에센셜 오일 1ml
- 오크모스 앱솔루트 1ml
- 네롤리 에센셜 오일 1ml

언제나 그렇듯, 구매한 라벤더의 비율을 확인한다. 혼합 후 한 달가량 둔다. 유리병을 하룻밤 동안 냉동실에서 냉각한 후 미세한 여과지(조향용 특수 여과지)를 사용하여 여과한다. 향수는 완성되었지만 몇 달간 '숙성'시킨 후 사용하는 것이 더 좋다. 더 친근한 응용 버전을 원한다면, 직접 정원에서 따서 며칠 동안 잘 말린 라벤더를 병 안에 채워준 후 잠길 때까지 알코올을 부어주는 알코올 침용 작업을 거친다. 그러고 나서 다른 재료를 추가한다. 직접 키운 라벤더로 만든 오드콜로뉴라고 소개한다면 좋을 것이다.

헝가리 여왕의 물

이번에 소개할 레시피는 17세기에 엄청난 인기를 끌었던 아주 오래된 레시피이다. 1652년 10월 12일, 72세의 엘리자베스 여왕은 《이사벨 여왕 전하의 시대Les Heures de la Sérénissime Isabelle》에, 자신의 경이로운 발견을 기록했다.

"나, 헝가리의 여왕 엘리자베스는 매우 허약하고 통풍을 앓던 중에 다음의 레시피를 1년 내내 사용했다. 이 레시피는 이제껏 본 적 없는, 이후로도 볼 수 없던 안식을 나에게 선사했다. 레시피는 나의 신체에 많은 영향을 주었고, 동시에 나는 치유되고 힘을 회복했다. 너무도 아름다워 폴란드의 왕이 내게 청혼했다. 이 레시피를 내게 주신 주 예수 그리스도와 천사의 사랑을 위해 거부했다……."

여왕은 이 기적적인 레시피를 가장 간단한 방법으로 설명했다. 로즈마리 꽃과 새싹 22온스(약 700g)를 네 번 증류한 증류주 1리터에 침용해 중탕기로 증류하는 것이다. 이 혼합물은 증류하기 전에 52시간가량 묵혀두어야 한다.

여왕은 이 물로 아로마 향을 즐길 뿐 아니라 일주일에 한 번 수프에 넣어 먹고, 매일 아침 얼굴과 아픈 신체 부위를 마사지했더니 많은 질병이 치유되었다고 전했다.

"이 치료법은 새 힘을 불어 넣고, 정신을 맑게 하고, 피부의 모든 반점을 제거하고, 본연의 활력 있는 정신을 강화하며, 시력을 회복하고 보존하며, 생명을 연장한다. 위와 가슴에도 매우 좋다."

1699년 《왕실 조향사Parfumeur royal》에서 시몽 바르브Simon Barbe는 뛰어난 침용법을 통해 레시피를 단순화시켜 재현했다. 로즈마리에 부여되던 효능을 설명하는 일만 남았다. 세이지에 뒤이어 광범위한 효능이 있다고 믿어지던 로즈마리의 유행은 사그라들지 않았다. 나폴레옹이 사용하던 유명한 '오드콜로뉴'를 구성하는 데 있어서도 로즈마리가 중심이 되었다. 헝가리의 여왕과 마찬가지로 황제도 몸에 뿌리고 마시기도 했다.

이렇듯 효능이 뛰어난 로즈마리 꽃이 사용된 우리의 레시피는 봄철에 준비하면 더욱 좋다. 로즈마리는 빨리 사용해야 한다. 로즈마리는 지역에 따라 3월부터 꽃을 피운다. 정원에서 직접 재배하거나 로즈마리를 따러 프로방스 숲으로 산책을 가야 한다. 또한 이 시기는 타임, 세이지, 에델바이스 등 야생 허브를 수확하기 가장 좋은 시기이기도 하다.

레시피

- 잘 다진 신선한 로즈마리 꽃   1L
- 45% 알코올   1L
- 시나몬 막대기   1개

다진 꽃과 시나몬 막대기를 유리 항아리 또는 유리병에 넣은 후 알코올을 가득 채운다. 마개로 조심히 봉한 다음, 모래에 살짝 파묻어둔 채 가능하다면 한 달 이상 햇볕에 놔둔다. 여과 후 사용한다. 너무 오랫동안 보관하지 않도록 한다.

최음 향수
Parfums Aphrodisiaques

향수는 그 자체로 하나의 최음제이다. 후각은 의식적으로 그리고 무의식적으로는 더더욱 성적 행위와 가장 밀접하게 연관되어 있지 않은가? 고대부터 향수는 흥분과 환상을 촉발한다고 알려져왔고 그렇게 사용되어왔다. 제우스의 불운한 연인 미라는 몰약나무Myrrhe로 변했고, 그녀의 아들 아도니스를 향한 아프로디테의 잘못된 사랑 덕분에 장미가 만들어지지 않았던가? 신화를 넘어서, 향유와 '필터'는 모든 전통적인 사회, 특히 동양 사회의 운명이다. 하지만 우리는 왜 완벽한 필터를 드러내지 않았을까? 사랑에 무관심한 남성과 여성을 굴복시킬 필터를 말이다. 한 브라질 여성 고객을 위해 최음 향수를 만들었던 기억이 난다. 사용은 즉각적이어야 했다. 그런데 분명하지 않은 점이 하나 있었다. 향수가 유혹하는 사람의 마음에 들어야 할지, 유혹할 대상인 사람의 마음에 들어야 할지였다. 실제로, 젊은 여성은 자신이 의미하는 '최음'을 내가 이해할 수 있도록 수십 가지의 에센스 향을 (다소곳이 시향한다기보다는) 집요하게 맡아보아야 했다. 각자 자신의 필터는 이야기의 교훈이 될 수 있다. 일부 재료는 종종 개론서와 비밀 레시피에서 다시 등장한다. 우리는 공공연한 자리에서 절대 사용하지 말아야 할 세 가지 기묘한 조합을 소개하려 한다. 오직 깊은 밤이나 침실에서만 써보도록 하자. 제스처로 향의 효과가 입증될 것이다. 우리에게 고마움을 전하고 싶을지도 모르겠다.

생강과 패츌리

수많은 출처에 따르면, 생강은 식재료로 사용될 때뿐만 아니라 에센셜 오일로 사용될 때에도 깊은 자극제이며 활력을 돋우어준다. 패츌리는 잎을 침용하여 에센셜 오일을 얻는데, 환각제에 가까운 효과가 있다고 알려져 있다. 패츌리는 향의 조화에서 관능적인 면을 더한다. 프랑킨센스는 동양적인 느낌과 종교적 금기를 드러낸다. 중국에서 온 호우드bois de Shiu는 따뜻함과 차가움, 음과 양을 이어주는 연결고리 역할을 한다. 미라와 제우스의 사랑처럼······.

레시피

- 알코올 100ml
- 생강 에센셜 오일 9ml
- 프랑킨센스 에센셜 오일 1.5ml
- 패츌리 에센셜 오일 1.5ml
- 호우드 에센셜 오일 1.5ml
- 미르 에센셜 오일 1.5ml

혼합 후 한 달가량 둔다. 유리병을 하룻밤 동안 냉동실에서 냉각한 후 미세한 여과지(조향용 특수 여과지)를 사용하여 여과한다. 향수는 완성되었지만 몇 달간 '숙성'시킨 후 사용하는 것이 더 좋다.

사막의 향수

고대 동방 레시피에서 영감을 얻은 이 향수는 전통적으로 최음제라고 여기던 모든 물질의 칵테일이라 할 수 있다. 이 향수는 효과가 엄청나므로 아무나 사용해서는 안 된다……만약 효과가 없다면, 그건 아마도 시대가 지나면서 성적 욕망도 변했기 때문일 것이다. 동물성 원료 머스크Musc 또는 시베트Civette는 계량하기가 어렵고 특히 머스크의 경우 판매가 금지되었기 때문에 제외했다.

레시피

- 알코올   100ml
- 아니스 스타 에센셜 오일   4ml
- 정향 에센셜 오일   2ml
- 세이보리 에센셜 오일   2ml
- 패츌리 에센셜 오일   6ml
- 일랑일랑 에센셜 오일   4ml
- 샌달우드 에센셜 오일   6ml

혼합 후 한 달가량 둔다. 유리병을 하룻밤 동안 냉동실에서 냉각한 후 미세한 여과지(조향용 특수 여과지)를 사용하여 여과한다. 향수는 완성되었지만 몇 달간 '숙성'시킨 후 사용하는 것이 더 좋다.

아랍의 우드Oud

신화 속 향수인가? 절대 도달할 수 없는 감각의 완성인가? 그렇지 않다. 이 향수는 마라케시 시장에서 파는 앰버 구슬들처럼 다양하고 매력적인 복합성 안에서 존재하지만, 실제로 앰버는 1그램도 포함하고 있지 않다. 세계에서 가장 희귀하고 비싼 에센스 중 하나인, '아가우드'라고도 하는 진짜 우드Oud 오일을 구입하도록 하자(90페이지 참조).

'베이스'는 취향대로 고르면 된다. 이 책에서 소개한 오리엔탈 베이스나 마음을 흔드는 시중 향수나 뭐든 좋다. 여기에 최고급 아가우드Agarwood를 한 방울씩 추가하면 된다(세계에서 가장 비싼 에센셜 오일 중 하나로, 1킬로그램에 3만 유로 정도 한다. 하지만 우리는 몇 방울만 사용할 것이다). 원래 향수의 조화를 넘어서는 강렬한 아가우드의 향을 느낄 것이다. 향수병을 닫아둔 지 한 시간이 지나도 방에서 향을 맡을 수 있다. 뇌쇄된 듯 그 향기에 매료되어 에로틱한 열정 또는 몽상으로 인도될 것이다.

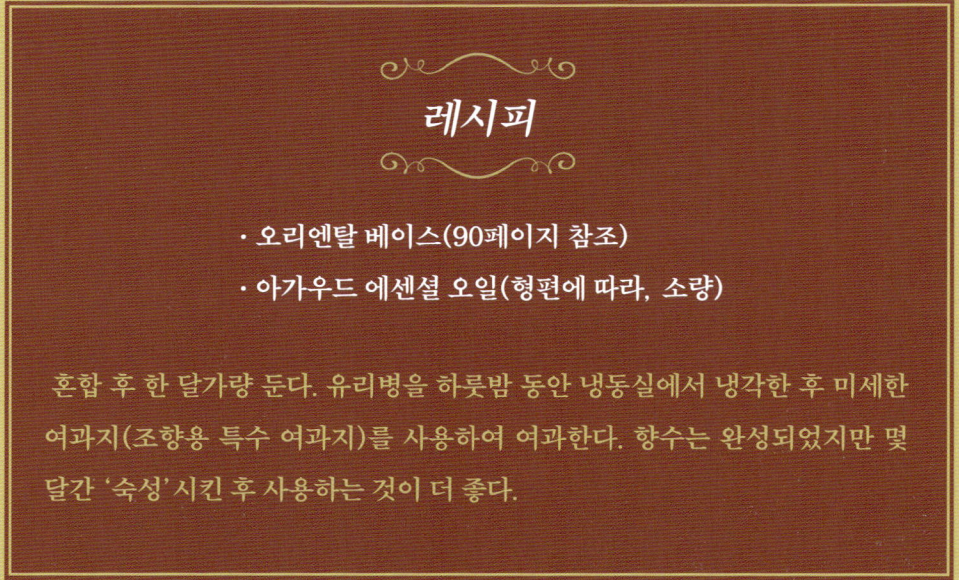

레시피

- 오리엔탈 베이스(90페이지 참조)
- 아가우드 에센셜 오일(형편에 따라, 소량)

혼합 후 한 달가량 둔다. 유리병을 하룻밤 동안 냉동실에서 냉각한 후 미세한 여과지(조향용 특수 여과지)를 사용하여 여과한다. 향수는 완성되었지만 몇 달간 '숙성'시킨 후 사용하는 것이 더 좋다.

솔리플로르
Les Soliflores

선호하는 꽃들로부터 식별할 수 있는 이상을 재현하는 꽃 향수를 '솔리플로르 Soliflore'라고 한다. 이번 레시피의 재료에서 가장 중요한 것은 원료의 품질이다.

중심이 되는 꽃의 노트는 그 자체로 찬란하고(물론 취향의 문제이므로 여러분의 마음에 들지 않을 수도 있다) 압도한다. 그리고 한 가지 혹은 여러 가지 노트가 은은하게 수반된다. 이 기술은 복잡한 향수 제조법에 속하는데, 오페라 공연에서 피아노 반주에 솔로로 노래하는 것과도 같다. 조화의 세련미에 너무 집착하지 말고 원재료의 아름다움에 집중해보자.

공급자마다, 생산연도마다 원료가 달라지기에, 여기서 제시하는 비율이 부정확할 수 있다. 향의 균형을 잡기 위해, 동반되는 노트나 주요 노트를 첨가하면서 수정한다(80페이지에서 설명한 방법을 참고하자).

우선 소량으로 시도해보자.

아이리스 솔리플로르

아이리스 뿌리는 우아한 향수를 만들 때 많이 찾는 파우더리한 노트를 준다. 예전에는 말린 아이리스 뿌리 파우더를 가발과 화장품에 사용했다. 이 부드러운 향은 할머니의 향처럼 우리 모두의 무의식 속에 각인되어 있다. 이 훌륭한 향은 이탈리아 토스카나에서 유래했다. 샌달우드가 아이리스 향을 도드라지게 해준다.

레시피

- 알코올   100ml
- 50% 알코올에서 녹인 아이리스 버터   20ml
- 샌달우드 에센셜 오일   4ml

혼합 후 한 달가량 둔다. 유리병을 하룻밤 동안 냉동실에서 냉각한 후 미세한 여과지(조향용 특수 여과지)를 사용하여 여과한다. 향수는 완성되었지만 몇 달간 '숙성'시킨 후 사용하는 것이 더 좋다.

네롤리 솔리플로르

비터오렌지 나무에서 추출한 네롤리에서는 오렌지꽃 향이 난다. 이보다 더 식욕을 돋우는 향이 있을까? 품질 좋은 네롤리는 구하기 어렵다. 시칠리아에서 더 이상 생산하지 않기에 이제는 스페인이 가장 좋은 원산지이다. 튀니지나 모로코산 네롤리도 있다.

레시피

- 알코올   100ml
- 네롤리 에센셜 오일   12ml
- 베르가못 에센셜 오일   3ml
- 레몬 에센셜 오일   1.5ml
- 만다린 에센셜 오일   1.5ml
- 린덴tilleul 에센셜 오일   3ml

혼합 후 한 달가량 둔다. 유리병을 하룻밤 동안 냉동실에서 냉각한 후 미세한 여과지(조향용 특수 여과지)를 사용하여 여과한다. 향수는 완성되었지만 몇 달간 '숙성'시킨 후 사용하는 것이 더 좋다.

자스민 솔리플로르

뛰어난 그라스의 자스민은 그 자체로 이미 훌륭한 향수이다. 그러나 구하기가 어렵고 값이 비싸다. 우수한 인도산과 이집트산 자스민 앱솔루트에 만족해야 할 것이다. 자스민의 가벼운 쓴 향을 로즈우드가 보완해준다.

레시피

- 알코올   100ml
- 자스민 앱솔루트   12ml
- 로즈우드 에센셜 오일 7.5ml

혼합 후 한 달가량 둔다. 유리병을 하룻밤 동안 냉동실에서 냉각한 후 미세한 여과지(조향용 특수 여과지)를 사용하여 여과한다. 향수는 완성되었지만 몇 달간 '숙성'시킨 후 사용하는 것이 더 좋다.

장미 솔리플로르

자스민과 마찬가지로 장미는 그 자체로 보완이 거의 필요 없는 향수이다. 단, 고급 원료일 때에만 해당된다. 더 부드럽고 단 향의 에센셜 오일과 좀 더 자극적인 앱솔루트 중 선택할 수 있다. 보기 드문 그라스 장미rosa centifolia는 더 싱그럽고, 불가리아, 터키, 모로코 장미rosa damascena는 더 관능적이다.

레시피

- 알코올　　　　　　　　　100ml
- 장미 앱솔루트　　　　　　16ml
- 앰버 팅크 또는 합성 베이스　4ml

혼합 후 한 달가량 둔다. 유리병을 하룻밤 동안 냉동실에서 냉각한 후 미세한 여과지(조향용 특수 여과지)를 사용하여 여과한다. 향수는 완성되었지만 몇 달간 '숙성'시킨 후 사용하는 것이 더 좋다.

은방울꽃 Muguet 솔리플로르

귀여운 은방울꽃은 섬세하고 은은하고 특히 매혹시키는 향을 발산한다. 필요한 양을 고려해보자면, 안타깝게도 은방울꽃에서 에센셜 오일이나 앱솔루트를 추출하는 것은 불가능하다. 따라서 합성 재현 제품에 만족해야 하는데 대체로 훌륭한 편이다.

레시피

- 알코올　　　　　　　　100ml
- 은방울꽃 베이스　　　　16ml
- 호우드 에센셜 오일　　　4ml

혼합 후 한 달가량 둔다. 유리병을 하룻밤 동안 냉동실에서 냉각한 후 미세한 여과지(조향용 특수 여과지)를 사용하여 여과한다. 향수는 완성되었지만 몇 달간 '숙성'시킨 후 사용하는 것이 더 좋다.

아이를 위한 바닐라

패션계는 아이들을 위한 향수와 화장품 시장을 독점하며 큰 이익을 얻었다. 여기에서는 가장 순수한 천연 원료에 기초한 단 하나의 레시피를 소개하려 한다. 일반적으로 사람들은 어린이용 제품에는 '무알코올' 표시가 필요하다고 생각한다. 사실, 알코올보다 대체제(용매제)와 우리가 첨가해야 하는 보존제를 덜 권장한다. 아이의 피부는 엄마의 피부보다 건조함에 덜 민감하고, 알코올은 아이의 피부를 닦아줄 때 유용한 소독제 역할을 한다. 알코올 효과를 완화하고 싶다면, 스위트 아몬드 오일을 섞어주기만 해도 충분하다. 아몬드 오일은 알코올에 용해되지만 알코올이 증발된 후에도 피부에 남는다. 그러나 점막이나 상처 부위에 가까이 닿지 않도록 해야 한다.

바닐라는 전통적으로 유아 제품에 애용되는 향이다. 분명 이 향이 엄마 젖의 냄새를 연상시키기 때문일 것이다. 실제로, 아이들은 바닐라의 향뿐만 아니라 맛도 좋아한다. 그렇다면 아이들이 맘껏 즐길 수 있도록 만들어보자.

물론 주로 병에 넣어 판매되는 화학 추출물을 손쉽게 구할 수도 있지만 바닐라빈을 이용해 직접 추출물을 만들어보길 제안한다. 이렇게 만들면 상대적으로 비용이 많이 들겠지만 비교가 안 된다. 레위니옹 섬과 특히 마다가스카르는 최고의 바닐라 생산지이다. 이곳을 방문할 멋진 기회가 있다면 바닐라 외에 베티버와 제라늄, 일랑일랑도 함께 가져오기 바란다.

레시피

- 알코올
- 바닐라빈 30개

바닐라빈을 길게 반으로 가르고 나서 작게 잘라준다. 유리병에 차곡차곡 넣은 후 무수알코올을 잠기도록 채워준다. 밀봉한 뒤 최소 6개월간 침출시킨다. 여과하여 바닐라 추출액을 얻는다. 흑갈색을 띠고 있으면 정상이다. 피부에 순한 제품을 원한다면 스위트 아몬드 오일을 전체 양의 10~20% 정도 첨가해준다.

만들고 난 바닐라빈은 여전히 향이 풍부하게 남아 있어 보관해두었다가 요리에 사용할 수 있다.

TRAITÉ
DES PLUS BEAUX SECRETS
DES PARFUMS.

Des Gands de senteurs, page 1
Maniere de purger les Peaux. 2
Peaux ou Gands parfumez aux fleurs seulement à la mode de Provence. 4
Composition pour deux douzaines de Gands. 7
Gands blancs aux fleurs de Jassemin. 9
Gands blancs parfumez au Jassemin.

밤과 연고

히포크라테스Hippocrate, 플리니우스Pline, 갈리에누스Gallien를 잇는, 고대 연고의 위대한 '창작자' 페다니우스 디오스코리데스Pedanius Dioscorides는 1세기의 그리스 식물학자로 600종 이상 되는 식물의 약용에 관한 방대한 개론을 썼고, 그의 연고 레시피는 수 세기 동안 사용되었다. 디오스코리데스는 연고의 치료 효과뿐만 아니라 미용 효과에 대해서도 기술했다. 올리브 오일과 월계수 열매와 잎으로 만든 월계수 오일은 열을 내어 피부 모공을 열어주며 진통 효과가 있다. 신선한 장미 연고는 상처 치유뿐만 아니라 생리통에도 유용했다! 올리브 오일과 수지, 밀랍, 황소 기름으로 만든 연고나 몰약으로 만든 연고, 혹은 밀랍과 칼라민으로 만든 칼라민 연고 또한 상처를 아물게 하는 효과가 있다. 아이리스 뿌리 파우더와 혼합해서 만든 오일 연고는 더러운 상처를 정화하고, 뜸술 때문에 생긴 상처 딱지를 부드럽게 만들어 제거한다. 그리고 분만을 유도하고 치질을 완화한다. 후에 아비센나는 올리브 오일과 로즈마리 꽃 연고를 사람들에게 권했다. '헝가리 여왕의 물'(108페이지 참조)처럼 로즈마리에도 회춘 효과가 있다고 보았다. 루이 14세 궁정에서, 왕의 주치의였던 다캥은 장미 꽃잎을 침용한 올리브 오일로 만든 연고로 낙마로 부상을 입은 루이 14세의 고통을 완화시켰다.

 연고는 본래 약용이지만 항상 향기가 났고, 밤 또는 '콩크레타(냉침법을 이용해 꽃을 밀랍 압착한 최초의 콘크리트에서 유래한 단어)'는 주로 향수 목적으로 사용되던 연고이다. 특히 동양에서 많이 사용되었는데, 이 연고에는 알코올이 들어가지 않기 때문이다. 손가락 끝에 살짝 묻혀서 귀 뒤쪽에 문지른다. 오늘날에 사용되는 밤의 장점은 더할 나위 없는 천연 제품이라는 것이다. 다른 건 몰라도, 우리가 소개할 플라워 콘크리트로 만든 간편한 레시피는 그렇다.

프란지파니에Frangipanier 꽃 콘크리트

흰색과 노란색의 큰 꽃을 피우는 아름다운 프란지파니에 나무는 인도와 열대 섬에서 주로 자란다. 꽃의 향은 자스민과 튜베로즈만큼 강하지만, 살짝 달콤한 아주 기분 좋은 노트를 지녔다.

레시피

- 프란지파니에꽃 콘크리트   10g
- 올리브 오일   1g

전부 함께 반죽하듯 섞는다. 그래도 연고가 너무 단단하거나 건조하면 오일을 살짝 추가한다. 작은 용기에 담아 바로 사용한다.

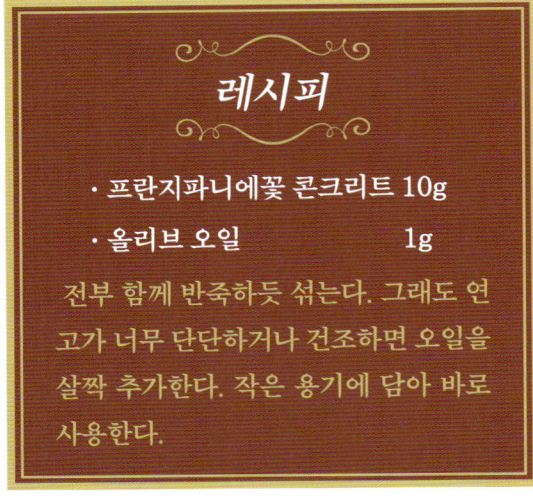

이모르뗄(헬리크리섬) 꽃 콘크리트

이모르뗄 콘크리트는 흙 내음과 카레 향이 나는 매우 강력하고 복잡한 제품이다. 주로 남성용 제품에 사용되며 그 자체로 하나의 후각 우주이다.

레시피

- 이모르뗄 콘크리트   10g
- 올리브 오일   1g

전부 함께 반죽하듯 섞는다. 그래도 연고가 너무 단단하거나 건조하면 오일을 살짝 추가한다. 작은 용기에 담아 바로 사용한다.

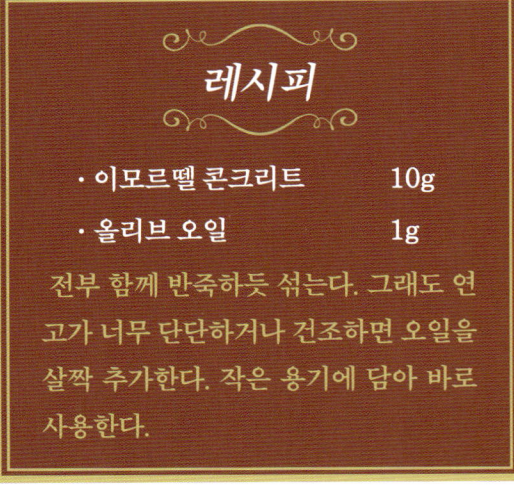

금작화 Genêt 콘크리트

금작화는 맡으면 바로 호불호가 갈리는 꿀 향이 난다. 레몬이 그 효과를 강화하고 향을 돋운다.

레시피

- 금작화 콘크리트 　　　　10g
- 레몬 에센셜 오일 　　　　1g
- 올리브 오일 　　　　　　1g

전부 함께 반죽하듯 섞는다. 그래도 연고가 너무 단단하거나 건조하면 오일을 살짝 추가한다. 작은 용기에 담아 바로 사용한다.

바이올렛 콘크리트

바이올렛 콘크리트는 꽃이 아닌 잎에서 추출된다. 미량의 자스민이 혼합된 바이올렛 콘크리트는 매우 거칠지만 시간이 지나면서 부드러워진다. 향수에 조예가 깊은 독자들을 위한 매우 특별한 향수이다.

레시피

- 바이올렛 콘크리트 　　　10g
- 자스민 앱솔루트 　　　　미량
- 올리브 오일 　　　　　　1g

전부 함께 반죽하듯 섞는다. 그래도 연고가 너무 단단하거나 건조하면 오일을 살짝 추가한다. 작은 용기에 담아 바로 사용한다.

아로마 워터
Eaux Aromatiques

이번에 소개할 레시피는 순수한 물(오드콜로뉴 또는 오드퍼퓸에서 이 용어는 하나의 이미지이지 실제가 아니다)이지만 향이 난다. 매우 강렬한 향을 제공하지는 않지만 무더운 여름날 뿌리면 아주 기분좋고 시원하게 더위를 식혀줄 뿐 아니라 가볍게 하는 아기 마사지에 또는 사계절의 청량 음료로 사용된다.

아랍권에서는 가정마다 아로마 워터를 만드는 증류기가 있어서 물과 장미의 혼합물을 증류하여 장미수를 만든다. 장미수 위로 떠오르는 몇 방울의 에센셜 오일을 여과를 통해 얻을 수 있다.

이 아로마 워터는 다용도로 사용된다. 집에 귀한 손님이 오면 바닥에 뿌리기도 하고 요리에 사용하기도 한다. 손을 씻거나 얼굴을 시원하게 할 때도 사용한다. 프랑스에서는 개인의 증류기 사용이 금지되어 있어 침출액에 만족해야 한다. 자스민, 장미, 오렌지꽃처럼 부드러운 꽃이나 레몬, 베르가못 같은 시트러스를 차갑게 우리거나 녹차, 로즈마리 차, 린덴 차, 버베나 차를 따뜻하게 우려낼 수도 있다. 또는 끓는 물에 라벤더, 세이지, 장미 등의 에센셜 오일을 몇 방울 떨어뜨려 향을 낼 수도 있다. 오일은 물보다 가벼워 식으면서 표면 위로 떠오르기 때문에 걷어낼 수 있다.

에센셜 오일은 물에 용해되지 않기 때문에 다음과 같은 간단한 방법으로 향기 나는 워터를 만들 수 있다.

레시피

- 샘물　　　　　　　　1L
- 장미 에센셜 오일　　 100방울

종이필터 또는 시향지 위에 선택한 에센셜 오일(장미, 네롤리, 라벤더, 린덴 등)을 붓는다. 종이를 여러 조각으로 나누어 물에 담가둔다. 그러면 부분적으로 향기가 오일 없이 물에 섞이기 때문에 물을 탁하게 하지 않는다. 부드럽게 흔들어 일주일 동안 우려낸다. 종잇조각들을 분리하고 물을 여과한다. 3개월 안에 사용해야 한다. 보존제가 들어가지 않기 때문에 변질되기 쉬워 바로 사용하는 것이 좋다.

향수 보석과 포맨더
Bijoux Parfumés et Pomanders

향수 보석은 하루 종일 놀라운 방식으로 향을 느끼도록 하고 가까이 다가오는 사람에게 매우 순수한 버전의 향을 풍긴다. 원리는 간단하고 보석 세공술만큼이나 오래되었다. 보석 안에 작은 용기가 있어 그 안에 고체 혼합물(연고)이나 액체 혼합물 (이 경우, 스펀지로 머금고 있다) 또는 향을 머금은 고무를 넣는 방식인데 보통은 목걸이 형태로 목에 걸고 다닌다. 보석에 담긴 향수가 향을 퍼뜨리는데, 목에 착용한 사람은 바로 향을 맡을 수 있다. 이는 두 예술의 만남이라 할 수 있다. 일본인들처럼 향수를 몸에 직접 뿌리길 꺼리는 사람들에게 향수 보석 착용은 매우 이상적인 방식이다.

 동양에서, 향수 보석은 오래전부터 인기를 끌었다. 때때로 귀중품을 몸에 지녀 보관할 수 있는 방식이었기 때문에 일부 보석은 매우 부피가 컸다. 향수 보석을 치마 속에 착용하기도 했고, 질환이나 혹시 모를 실신을 대비해 용기 안에 소금을 담아둔 경우도 있었다. 향수를 뿌리는 아주 전통적인 이 방식이 다시 유행하게 될까?

 이 주제에 관해 뛰어난 책을 집필한 아네트 그린Annette Green과 함께 생각해볼 만한 일이다. 이 방식은 실제로 피부 접촉에 의한 '변질' 없이 하루 종일 자신에게서 향이 나도록 유지할 수 있는 가장 실용적인 방법이다.

 엄밀히 말해 보석용 향수 레시피는 없다. 용기에 따라 다르기 때문이다. 연고나 향수를 사용하면 되며, 강력하고 지속력 있는 제품을 위해 최대 50% 알코올에 농축해 만든다.

집을 위한 향수
Les Parfums pour la maison

집안에 향수를 뿌리는 기술은 아마도 몸에 향수를 뿌리는 기술만큼 오래되었을 것이다. 고대에 그리고 동양에서 오래전부터 오늘날까지도 널리 퍼져 있는 훈증법(향수 'parfum'은 어원적으로 '연기를 통해par la fumée'라는 뜻을 의미한다)은 아주 먼 옛날부터 특히 향을 퍼뜨리는 기능으로 사용되었다. 집 안의 조화와 기운에 관한 중국 '풍수설'은 후각 환경과도 관련이 있어 보인다. 바람을 타고 집 안으로 자스민이나 유칼립투스 같은 향이 들어와야 한다. 즉, 중국의 정원사는 조향사인 셈이다. 정원사는 바람 따라 향이 들어오는 위치와 각 향기의 효용을 고려하여 식물을 심어야 한다. 이집트, 그리스, 로마 등 고대 사회에서는 귀한 손님을 맞이하기 위해서나 로맨틱한 밤의 전주곡처럼 집에 향수를 뿌렸고, 향을 발산하는 꽃잎들을 바닥에 흩뿌려 놓았다. 가구와 간혹 건물 도료에도 향을 입혔다.

17세기에는 포푸리 기술이 절정에 달했다. 포푸리는 제철에 수확한 꽃잎 같은 천연 원료의 발효 저장법이라 할 수 있다. 발효는 식물의 효능을 보존하면서 농축시킨다. 오늘날 포푸리라는 이름으로 판매되는 인공적으로 색을 입히고 향을 낸 나뭇조각이 담긴 작은 주머니와는 아무런 관련이 없다!

금세기 초, 벨렝Belem의 브라질 부유층들은 세탁물을 배에 실어 영국으로 보냈다. 당시 영국인들은 위생적인 방법으로 세탁하는 것과 특히, 그 유명한 잉글리시 라벤더로 향기를 입혀 몇 달 동안이나 세탁물에서 부드럽게 향이 나게 하는 기술로 유명했다.

오늘날, 자원은 더 빈약하다. 물론 최근의 유행으로 포푸리, 에센스 버너, 향초, 향수 스톤, 라벤더 주머니, 또는 대부분 관광객이 장롱에 향을 내기 위해 마라케시 시장에서 사오는 '앰버' 주머니를 구할 수 있게 되었지만 말이다.

여기서는 분사하여 사용할 수 있는, 집을 위해 고안한 고전적인 알코올 향수의 간단한 포뮬러를 소개하겠다. 가계 예산에 큰 부담이 되지 않도록, 두 가지 에센셜 오일을 간단하게 조합해서 만들 수 있는 저렴한 가격의 원료를 택했다.

시더우드
-시나몬 실내용 향수

레시피

- 알코올　　　　　　　100ml
- 시더우드 에센셜 오일　15ml
- 시나몬 에센셜 오일　　3ml

혼합 후 한 달가량 둔다. 유리병을 하룻밤 동안 냉동실에서 냉각한 후 미세한 여과지(조향용 특수 여과지)를 사용하여 여과한다. 향수는 완성되었지만 몇 달간 '숙성'시킨 후 사용하는 것이 더 좋다.

오렌지
-이모르뗄 실내용 향수

레시피

- 알코올　　　　　　　100ml
- 오렌지 에센셜 오일　　15ml
- 이모르뗄 앱솔루트　　6ml

혼합 후 한 달가량 둔다. 유리병을 하룻밤 동안 냉동실에서 냉각한 후 미세한 여과지(조향용 특수 여과지)를 사용하여 여과한다. 향수는 완성되었지만 몇 달간 '숙성'시킨 후 사용하는 것이 더 좋다.

제라늄
-시트로넬라 실내용 향수

레시피

- 알코올　　　　　　　　　100ml
- 제라늄 에센셜 오일　　　14ml
- 시트로넬라 에센셜 오일 6ml

혼합 후 한 달가량 둔다. 유리병을 하룻밤 동안 냉동실에서 냉각한 후 미세한 여과지(조향용 특수 여과지)를 사용하여 여과한다. 향수는 완성되었지만 몇 달간 '숙성'시킨 후 사용하는 것이 더 좋다.

마사지 향수 오일

고대부터 향수 오일은 특히 동양에서 활발하게 소비되었다. 올리브 오일은 화장품에서 그 우수성을 인정받고 있다(현대의 로션과 크림들은 유성 유액일 뿐이다). 올리브 오일은 피부에 영양을 공급하고 살균 작용과 탄력을 주는 성분을 전달하며 추위와 햇빛으로부터 피부를 보호한다. 이집트인들은 피부가 건조해지는 것을 막기 위해 올리브 오일을 몸에 발랐다. 매우 덥거나 매우 추운 모든 나라에서, 오일이나 동물 지방은 항상 많이 사용된다. 오일 자체는 냄새가 거의 나지 않지만, 이따금 산패할 때 악취가 나기도 한다. 따라서 화장품으로 사용하기 위해서는 향료를 넣어야 했다. 지방질은 냄새를 고정하고 포착하는 특성이 있다. 냉장고에 포장되지 않은 채로 방치된 버터에 냉장고의 모든 음식 냄새가 배어든 경험이 있다면 이해가 될 것이다. 오래전부터 그리고 그라스에서 냉침법을 사용하던 20세기 초까지, 지방질의 이러한 특성 덕분에 오일은 향을 매개하는 탁월한 수단이 되었다. 인도인들이 아름다운 머릿결을 유지하는 비결은 향수 오일 덕분이다. 아유르베다 전통 마사지에서는 오늘날에도 올리브 오일을 사용하고 있다.

오늘날 우리는 목욕이나 샤워를 할 때 여전히 향수 오일을 사용한다. 미국이나 특히 브라질에서는 종종 향수를 뿌리는 유일한 방법으로, 샤워 중에 향수 오일을 몸에 발라 가벼운 천연 유액 효과를 낸다. 미끌거리는 오일을 수건으로 닦아내면 피부는 부드럽고 윤기가 나며 몸 전체에 향이 가볍게 남는다.

오일에 향료를 넣는 농도나 방식은 각자의 취향에 따라 다르다.

가장 간단한 방법은 좋은 베이스 오일을 사용하고 마음에 드는 에센셜 오일을 원하는 농도로 첨가하는 것이다. 베이스 오일로는 가장 많이 사용되는 올리브 오일 외에 아주 '가볍지만' 화학적인 미네랄 오일, 스위트 아몬드 오일, 윗점wheatgerm 오일 등이 있다. 또한 몇 주 동안 식물을 따뜻하게(오일을 끓이지는 않는다) 혹은 차갑게 침용시킨 다음 여과할 수도 있다. 두 가지 방법을 결합하는 방법도 있다. 어떤 경우에도 기억해야 할 것은 재료는 변질되기 쉽다는 것이다. 가장 좋은 방법은 필요할 때 만들어 열과 빛으로부터 보호되는 밀폐된 병에 보관하는 것이다. 얼굴 마사지를 위해서는 천연 에센스로 더 농축된 오일을 사용한다.

제조한 오일은 마사지를 할 때나 아침 샤워를 할 때 사용하면 된다. 비누로 씻은 다음, 몸에 물기가 아직 남은 상태에서 오일을 바른 후 마사지를 해주고 나서 헹궈내면 된다.

여기서는 안티스트레스, 안티셀룰라이트, 에로틱, 릴렉싱 효과가 있는 네 가지 레시피를 소개하겠다.

안티스트레스 마사지 오일

라벤더와 세이지 에센셜 오일은 특히 마사지를 할 때 진정 효과가 뛰어나다고 알려져 있다. 약간의 라벤더 오일을 베개에 떨어뜨리면 숙면에도 도움이 된다.

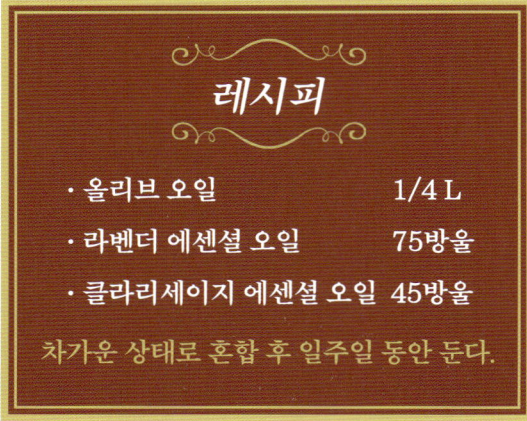

레시피

- 올리브 오일　　　　　　　1/4 L
- 라벤더 에센셜 오일　　　　75방울
- 클라리세이지 에센셜 오일　45방울

차가운 상태로 혼합 후 일주일 동안 둔다.

안티셀룰라이트 마사지 오일

레시피에 소개된 에센셜 오일들은 셀룰라이트 방지 아로마테라피에 추천되는 오일들이다. 에센셜 오일들을 조합하면 더 뛰어난 효과를 볼 수 있고 기분 좋은 향수를 만들수 있다.

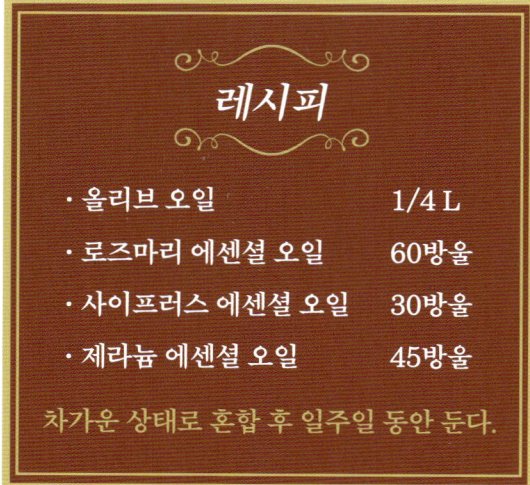

레시피

- 올리브 오일　　　　　　　1/4 L
- 로즈마리 에센셜 오일　　　60방울
- 사이프러스 에센셜 오일　　30방울
- 제라늄 에센셜 오일　　　　45방울

차가운 상태로 혼합 후 일주일 동안 둔다.

에로틱 마사지 오일

좀 더 개인적인, 이른바 '에로틱' 오일은 최음 효과가 있다고 알려진 패츌리와 대표적인 열대지방 꽃으로 유명한 일랑일랑꽃을 조합해서 만든다.

레시피

- 올리브 오일   1/4 L
- 패츌리 에센셜 오일   60방울
- 일랑일랑 에센셜 오일   45방울

차가운 상태로 혼합 후 일주일 동안 둔다.

릴렉싱 마사지 오일

다른 릴렉싱 버전도 있지만 이번에 소개할 레시피는 이론의 여지가 없는 레시피이다. 레시피의 세 가지 에센셜 오일은 각각 진정 효과가 있지만 함께 사용할 때 효과가 배가 되고 기분 좋은 아로마 구성을 제공한다.

레시피

- 올리브 오일   1/4 L
- 샌달우드 에센셜 오일   40방울
- 카모마일 에센셜 오일   20방울
- 제라늄 에센셜 오일   60방울

차가운 상태로 혼합 후 일주일 동안 둔다.

만다린 샴푸

머릿결 관리는 자신만의 후각적 분위기에 있어 중요하다. 특히 긴 머리의 여성들(혹은 남성들)은 움직일 때마다 머리카락이 향기로운 바람을 일으켜서 매우 효과적이다. 하지만 서양에서는 간과되는 미적 요소이기도 하다. 주기적으로 모발의 건강과 향을 관리하고(142페이지 헤어 오일 레시피 참조), 특히 대도시처럼 오염이 심한 지역에서는 매일 혹은 이틀마다 감아주어야 하거나 파리 같은 대도시의 심한 교통체증이나 술집에서 흡연자와 접촉하거나, 혹은 자신이 흡연자라면 모발에 불쾌한 냄새가 밸 수 있다. 머리를 자주 감으면 좋지 않다는 선입견은 말도 안 된다. 모발을 잘 관리하고 자주 감아주고 향이 나게 해야 한다. 후각적인 부분에 있어서 또 다른 넌센스는 머리카락이나 목덜미에 향수를 뿌리면서 저품질의 인공향, 보통은 과일향이 물씬 나는 샴푸로 머리를 감는 것이다. 그야말로 불협화음이다.

 가장 효과적인 방법은 무향 또는 향이 거의 나지 않는 샴푸(일반적으로 가장 저렴하면서 가장 덜 해로운 샴푸)를 선택해 휘발성 아로마 또는 자신의 향수와 잘 어울리는 성분으로 모발에 향을 주는 것이다. 그중에서 우리는 싱그럽고 자연스럽게 '기분 좋은' 만다린을 골랐다. 만약 장미향 향수를 사용한다면, 샴푸에도 장미향을 넣어보자.

레시피

- 샴푸 또는 무색의 pH중성 거품 비누   250ml
- 만다린 에센셜 오일   10ml

차가운 상태로 잘 섞는다. 티트리 오일과 같은 헤어트리트먼트 에센셜 오일을 첨가하거나 샴푸에 로즈마리나 카모마일로 향을 낼 수 있다.

전원향 오일

야생 식물 원료로 구성된 아주 상쾌한 이 오일은 머리카락의 탄력과 함께 적절한 균형과 기분 좋은 향을 줄 것이다. 전원향 오일은 또한 탈모 방지 효과도 있다.

오리엔탈 오일

이전 오일보다 더 진한 이 오리엔탈 오일은 비듬 방지 효과도 있으니 비듬이 큰 고민이라면 도움이 될 것이다. 또한 이 오일은 두피 마사지에도 탁월하다.

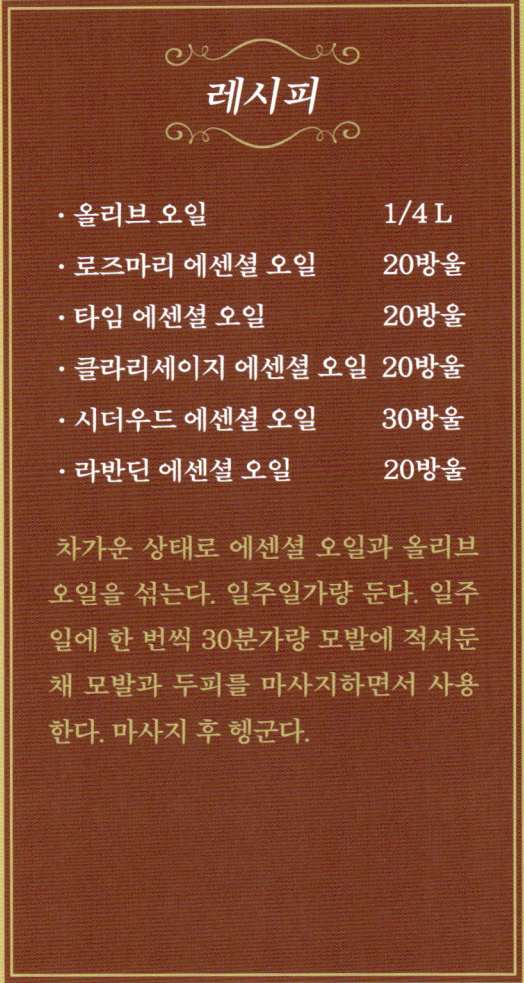

레시피

- 올리브 오일   1/4 L
- 로즈마리 에센셜 오일   20방울
- 타임 에센셜 오일   20방울
- 클라리세이지 에센셜 오일 20방울
- 시더우드 에센셜 오일   30방울
- 라반딘 에센셜 오일   20방울

차가운 상태로 에센셜 오일과 올리브 오일을 섞는다. 일주일가량 둔다. 일주일에 한 번씩 30분가량 모발에 적셔둔 채 모발과 두피를 마사지하면서 사용한다. 마사지 후 헹군다.

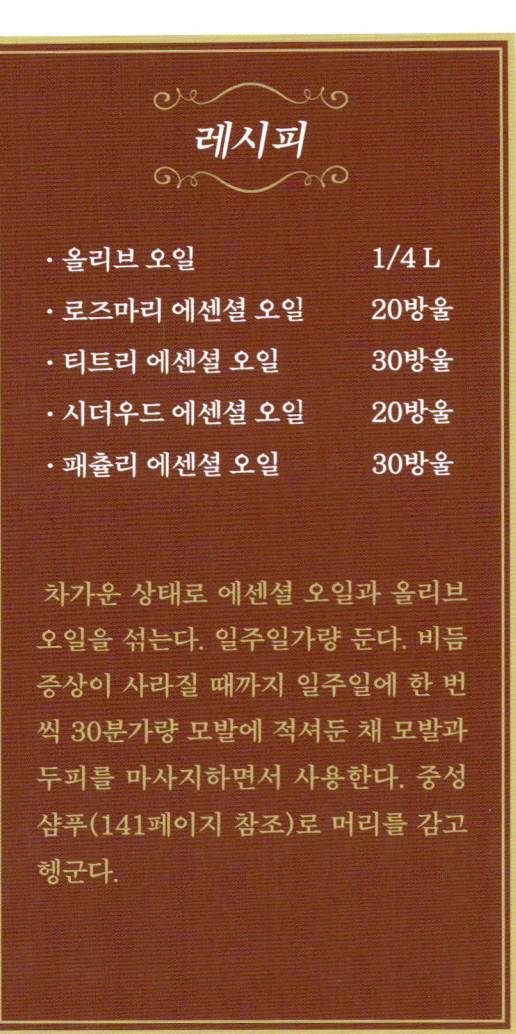

레시피

- 올리브 오일   1/4 L
- 로즈마리 에센셜 오일   20방울
- 티트리 에센셜 오일   30방울
- 시더우드 에센셜 오일   20방울
- 패츌리 에센셜 오일   30방울

차가운 상태로 에센셜 오일과 올리브 오일을 섞는다. 일주일가량 둔다. 비듬 증상이 사라질 때까지 일주일에 한 번씩 30분가량 모발에 적셔둔 채 모발과 두피를 마사지하면서 사용한다. 중성 샴푸(141페이지 참조)로 머리를 감고 헹군다.

헤어 오일

특히 오염된 현대 도시의 삶에서 머리카락의 연약함은 건강의 척도가 되기도 한다. 탈모를 예방하고 비듬을 일으키는 원인을 관리하며 모발에 생기를 되찾아주기 위해 헤어 오일을 사용해야 한다. 인도에서는 여성들이 아름다운 머리카락을 위해 머리를 감기 전에 주기적으로 오일을 바르고, 주로 샌달우드를 이용한 아로마 훈증으로 향을 준다.

마사지 오일(136페이지 참조)과 마찬가지로 헤어 오일로 고대부터 최고의 화장품이었던 엑스트라 버진 올리브 오일을 권한다.

레시피(142페이지 참조)에서는 아로마테라피스트들이 헤어용으로 추천한 에센셜 오일과 기분을 좋게 하는 향을 조합했다. 하지만 이중 한 가지만으로도 충분하다는 생각이 든다면 한 종류의 에센셜 오일만 사용해도 좋다.

향수 비누

비누는 갈리아인들이 재와 기름을 혼합하여 만든 발명품으로 추정된다. 비누를 가리키는 그리스어와 라틴어 단어가 켈트어에서 파생되었다는 것이 그 증거일 것이다. 로마인들은 잿물과 오일을 끓여서 만든 올리브 오일 에멀전을 사용했다. 아랍인들은 여기에 석회를 첨가하여 오일 비누를 개선했다. 9세기에 마르세유와 그 일대에서 올리브 오일을 베이스로 한 단단한 '현대식' 비누가 등장했다.

십자군과 함께 비누 사용이 퍼져나갔고, 프랑스어 단어 '비누savon'가 유래된 이탈리아

사보나Savona와 베니스, 제노바의 도시들에서 주로 비누를 생산했다. 17세기에 마르세유 산업은 콜베르가 부여한 독점 생산권[1] 덕분에 자리를 잡았다. 그렇게 해서 '마르세유 비누'가 탄생했다. 19세기에 가성소다 사용이 확산되고 올리브 오일이 땅콩 같은 더 저렴한 오일로 대체되면서 마르세유의 독점권은 없어졌다.

 전통적인 제조법은 가성소다를 넣은 비누 반죽을 구운 다음 충분한 물로 헹구어 가성소다를 빼내고 덮개 주조틀을 통해 완성된다. 이렇게 만들어진 비누를 30kg 덩어리로 자른 다음 갈대발 위에서 건조한다. 그다음 틀을 이용해 브랜드명이 각인된 큐브 모양으로 비누를 성형한다. 올리브 오일을 사용한 고전적인 '마르세유 비누'는 의심할 여지 없이 시장에서 가장 품질이 좋고 가장 많은 천연 성분이 들어가면서 가장 저렴한 제품이다. 큰 큐브 모양(당시 세탁부들의 관행)은 오늘날 사용하기 불편한 건 사실이다. 안타깝게도 이런 형태로 판매되는 대부분의 비누는 올리브 오일을 이용한 전통 제조방식과는 거리가 멀다. 그럼에도 몇 안 되는 비누 제조 공장에서는 이러한 전통을 이어가고 있다. 살롱드프로방스에서 여전히 '진짜' 마르세유 비누를 생산하고 있는 곳은 100년 전통을 자랑하는 유명 브랜드 마리우스 파브르Marius Fabre이다. 특유의 녹색 비누는 포마스 올리브 오일을 최소 72% 포함해야 한다.

 향수 비누를 만들려면 두 가지 방법 중 하나를 선택해야 한다. 한 가지 복잡한 방법은 비누 반죽을 직접 '만드는 즐거움'을 줄 것이다. 노앙성Nohant에서 비누를 만들어 정원에서 기른 식물로 향을 입힌 조르주 상드George Sand처럼 말이다. 실제로, 이 경우 '냉침'을 위한 레시피에 들어가기도 하는 지방에 당신의 정원에 있는 꽃, 뿌리, 또는 다른 향기로운 재료를 담가둔 다음 따뜻하게 하여 사용할 수 있다. 또 한 가지 간단한 방법은 좋은 마르세유 큐브 비누를 구입해서 녹인 다음 에센셜 오일을 넣는 것이다. 두 가지 옵션을 모두 소개해보겠다.

---

[1]   루이 14세 때 재상 콜베르Colbert는 칙령을 통해 전통 방식으로 제조된 비누만 '마르세유 비누Savon de Marseille'라는 명칭을 사용할 수 있도록 했다.

나만의 베이스 비누 만들기

이 레시피는 섬세해서 '전문가의' 마음가짐으로 만들어야 한다. 가성소다 같은 독성 화학물질을 취급할 때에는 철저한 예방조치가 필요하다. 고무장갑과 보호안경을 사용할 것을 권장한다.

레시피

- 올리브 오일(또는 식물성 오일)　　　500g
- 식물성 지방　　　450g
- 정제수　　　370ml
- 가성소다　　　125g

지방과 오일을 냄비에 붓고(냄비에 화학 반응 없이 가성소다를 담을 수 있는지 확인하기 위해 먼저 시험해본다. 또한, 이 냄비는 비누 제조용으로만 사용해야 한다) 38°C까지 저으면서 가열한다.

동시에 다른 특수 용기에 물을 부은 다음 천천히 나무 숟가락으로 저어가며 가성소다를 넣는다. 혼합물이 38°C에 도달하면 오일에 천천히 부으면서 저어준다. 약 10분에서 15분 후에 혼합물이 뻑뻑해질 것이다. 그렇지 않으면 좀 더 기다리도록 한다. 그런 다음 가지고 있거나 골동품점에서 구한 비누 틀 또는 알루미늄 포일 용기(파운드케이크 포일 용기류) 또는 쉽게 틀에서 꺼낼 수 있는 용기에 부어준다. 이틀 동안 두었다가 틀에서 꺼낸 다음, 필요한 경우 장갑을 착용하고 비누를 자른다. 최소 2주 동안 통풍이 잘 되는 곳에서 건조시킨 후 남아 있는 가성소다를 제거하기 위해 비누를 잘 닦아준다.

비누에 향을 주기 위해 장미 꽃잎이나 향기 나는 허브, 시트러스류 껍질로 지방질에 침용할 수 있다. 혹은 마음에 드는 에센셜 오일을 몇 방울 추가할 수도 있다. 다만, 이 경우에 정원의 원료들로 대용하거나 보완하고 싶다면 작업 마지막 단계에 하도록 한다. 장식용 비누를 만들고 싶다면, 재료의 일부를 지방에 남겨둘 수도 있다. 예를 들면, 둥글게 썬 오렌지 조각이나 정향을 비누 표면에 노출시킬 수 있다.

자몽향 마르세유 비누

이 레시피는 시간을 절약할 수 있다. 다만, 원료를 간과해서는 안 된다. 특히 정품 마르세유 비누를 사용하지 않을 경우에 무향 비누 또는 더 간단하게는 조각 비누나 가루비누를 택하도록 한다.

레시피

- 마르세유 비누(400g)   1개
- 엑스트라 버진 올리브 오일(100ml)   1컵
- 물   1/4 L
- 자몽 에센셜 오일   10ml

중탕냄비에 조각 비누나 비누 간 것(여행에서 가져온 작은 비누를 보태도 좋다)을 1/4 L의 끓는 물에 녹인다. 잘 섞은 후 올리브 오일을 첨가한다. 반죽이 크리미해지기 시작하면(필요하다면 끓는 물을 첨가하도록 한다) 불을 끄고 자몽 에센셜 오일 또는 좋아하는 에센셜 오일을 첨가한다. 다시 섞고 틀에 부어준다. 몇 시간 동안 식힌 후 틀에서 분리한다. 틀을 알루미늄 포일로 감싸주면 더 쉽게 틀에서 분리할 수 있다.

비누를 만든 후 최소 15일 동안 체 위에 올려서 통풍이 잘 되는 그늘에서 건조하는 것이 좋다. 제대로 건조하지 않으면 사용하기에 적합하지 않게 만들어질 수 있다.

입욕 향수 솔트

이번에는 집에서 할 수 있는 해수요법thalassothérapie 찬스다! 바닷소금의 효능은 많은 의사들도 인정하는 부분이며, 에센셜 오일과 마찬가지로 소금은 훌륭한 향 흡수제이자 방부제이다. 그래서 한번 만들어놓으면 두고두고 쓸 수 있다.

소금을 아로마 보존제와 신체 소독제로 사용하기 시작한 것은 고대부터였다. 고대 그리스인들은 소금을 많이 사용했고 시칠리아는 지중해 전역에서 규모가 큰 염전으로 유명했다.

오늘날에도 사람들은 욕조 가장자리에 놓인, 아름다운 크리스털 용기에 담긴 은밀하고 세련된 입욕 솔트를 좋아한다. 입욕 솔트의 특징이라 할 수 있는 예쁜 파란색, 핑크색은 화학적으로 입힌 것이다. 우리는 천연 재료로만 만들 것이기 때문에 사용하는 에센셜 오일의 자연적인 색, 이를테면 노란색이나 녹색으로 물들이는 정도로 그칠 것이다. 아니면 블랙베리나 라즈베리 주스 같은 천연 염료를 첨가하여 색을 낼 수도 있다.

레시피가 간단하니 아이들과 함께 만들어보기를 추천한다. 자신들의 창작품에 아주 자랑스러워할 것이다.

욕조에서 소금은 충혈 완화제이자 살균제이다. 아로마향이나 아로마테라피 효능을 고려해 각자의 취향에 따라 에센셜 오일을 선택하면 된다. 입욕제로 안성맞춤인, 긴장을 풀어주고 로맨틱한 분위기를 내는 로즈 입욕 솔트 레시피를 소개해보겠다.

레시피

- 굵은 소금   1kg
- 장미 에센셜 오일(또는 각자 원하는 에센셜 오일)   5ml
- 밀폐용기   1개

 소금을 판에 깔아 오븐에 넣고 약 30분간 중간 정도 온도로 가열하여 습기를 완전히 제거해준다.
 미지근하게 식은 소금을 냄비에 담아 에센셜 오일을 부어주고 바로 뒤섞어준다. 밀폐용기에 담아 지하실이나 찬장에 한 달 이상 가만히 놓아둔다(소금은 향을 매우 잘 보존해서 일 년간 사용할 수 있다). 목욕물을 받으면서 욕조 바닥에 아로마 입욕 솔트를 한 줌 던진다. 소금이 빨리 녹고 아로마가 잘 퍼질 수 있도록 뜨거운 물을 먼저 받는다. 소금에 색을 입히고 싶다면 천연염료를 미리 만들어두도록 한다. 라즈베리나 블랙베리 주스를 가열해서 80% 정도까지 졸인다. 그리고 나서 분홍색이나 연보라색 등 원하는 색이 나올 때까지 한 방울씩 첨가한다.

향초

양초에 향을 더하는 일은 즐겁다. 세련된 사람들과 연인을 위한 훌륭한 선물이 될 것이다. 향초를 협탁에 두면 잠자리에 들기 전에 기분 좋은 향을 맡을 수 있다. 부드러운 향에 부드러운 조명까지 더한다면 완벽하다. 그다음은 사랑의 시간이다.

과거에 초는 불을 밝히기 위한 일상적인 수단이었다. 기름 등잔(물론 향이 나는)이 유일한 조명이었던 고대를 제외한다면 말이다. 귀족들이 사용하는 양초는 향을 입힐 필요가 없었다. 밀랍으로 만들었기에 자연스럽게 맛있는 꿀 향이 났다. 귀족들의 양초는 순수 밀랍(파라핀보다 훨씬 비싸다)으로 양초를 만들거나 허니 앱솔루트나 합성 꿀로 양초에 향을 입혀 재현해볼 수 있다.

방법은 간단하지만 밀랍이나 파라핀을 녹여야 하므로 주의를 기울여야 한다. 온도가 너무 높으면 파라핀이 맹렬하게 타올라 집에 화재가 날 수도 있다. 그래서 불에 올려둔 채 자리를 비워서는 절대 안 된다. 그렇게 해서 얼마나 많은 스튜와 크림이 가스불에 탔는지 모른다. 요리의 경우 스튜와 크림을 망치고 기껏해야 냄비를 태워먹는 정도지만 우리의 손실은 더 심각할 수 있다. 또 다른 난관은 향료 물질, 보통은 에센셜 오일이나 합성 에센스를 넣는 기술이다. 에센셜 오일마다 밀도가 다르고 일부 에센셜 오일은 파라핀이나 왁스에 잘 섞이지 않는다. 만약, 에센셜 오일이 혼합물보다 더 무거우면 바닥으로 가라앉아 초가 연소하는 대부분의 시간 동안 아무 향도 나지 않게 된다. 따라서 향초 전용 제품(소매로 구하기 어렵다)이나 향초 제작에 적합한 에센셜 오일을 선택해야 한다. 자스민이나 네롤리 같은 일부 원료는 높은 열에 너무 민감해서 초에 넣어도 효과를 거의 볼 수 없다.

이번 레시피에는 천연 재료 중에서 클로브 버드, 시나몬, 제라늄 또는 시트러스 계열(오렌지, 만다린), 우드(시더우드, 사이프러스) 등 비교적 스파이시한 노트를 골랐다. 후각보다는 미적 효과를 위해 향신료나 말린 오렌지 조각으로 향초를 꾸밀 수도 있다. 작은 유리잔을 이용해보는 간단하고 효율적인 방법을 추천한다. 잘 유지되고 일정하게 연소되며 심지 태우기가 좀 더 쉽다.

레시피

- 파라핀 막대 또는 천연 밀랍   1kg
- 좋아하는 에센셜 오일   10ml
- 심지   1개
- 나무막대(나무젓가락)   1개

파라핀을 약한 불에 데우거나, 더 안전하게 중탕냄비를 사용하여 녹인다. 파라핀이 모두 녹아 액체 상태가 되면 불을 끄고 에센셜 오일이나 따로 준비한 혼합물을 붓는다. 예를 들면, 파라핀 또는 왁스 1kg에 제라늄 에센셜 오일 10ml를 섞는다. 제라늄은 밀랍과 매우 잘 섞이고 모기를 쫓는 효능이 있다. 그러고 나서 작은 잔에 붓는다. 혼합물은 유리와 맞닿은 부분부터 빠르게 굳기 시작하는데, 이때 아직 굳지 않은 중앙 부분에 나무막대를 세운 다음 다른 막대나 도구를 이용해 지지해주어 일자로 굳도록 한다. 혼합물이 단단하게 굳으면 나무막대를 제거하고 심지를 넣는다. 혼합물을 가열해 살짝 녹여서 구멍을 메운다.

향수 편지지

향기를 가득 머금은 연애 편지보다 더 가슴 떨리게 하는 것이 있을까? 나태한 요즘 시대에는 볼 수 없어진 풍경이다. 낭만주의를 고집하는 사람들을 위한 간단한 레시피를 준비했다. 향을 담은 이메일(농담이 아니다. 프랑스 텔레콤은 인터넷을 통한 후각 커뮤니케이션 개발을 전문으로 하는 연구센터를 세웠다)이 나오기를 기다리며 감각적 글쓰기를 다시 시도해보자.

예전에는 호감이나 사랑의 표시로 서로에게 보내는 책에 향수를 뿌렸다. 레시피는 동일하다. 여전히 만년필을 쓰고 있다면, 잉크에 향을 넣는 것도 좋을 것이다. 간단하게 잉크에 에센셜 오일이나 향수를 조금 넣기만 하면 된다.

레시피

- 종이   1장
- 에센셜 오일   1통
- 밀폐용기   1개

원리는 간단하다. 아름다운 수제 종이나 약간의 질감이 있는 종이 또는 '압지' 같은 종이를 준비한다. 종이에 향수를 먹일 것이다. 밀폐력이 좋은 철제 또는 플라스틱 용기, 아니면 이 작업을 위한 전용 서랍에 종이를 말아 놓거나 살짝 분리해 넣어둔다. 그런 다음 향이 진한 에센셜 오일이나 앰버, 장미 같은 앱솔루트로 채운 통을 한 개 이상 같이 넣어둔다. 밀폐 용기에 함께 담긴 이 통들이 종이에 향을 전해줄 것이다. 이 통들과 에센셜 오일을 회수해서 다른 용도로 쓰거나 편지지를 만드는 작업에 재사용할 수 있다. 이렇게 최소 3개월을 둔 다음, 사용하기 전까지 종이를 잘 밀폐해둔다. 같은 방식으로 봉투에 향을 입힐 수도 있다.

향료가 든 리큐어

고대부터 그래온 것처럼 18세기 조향사의 기술은 향료가 든 리큐어와 식초로 확장되었다. 1699년 왕세자의 승인을 받아 출간된 저서 《왕실 조향사, 또는 조향 기술》에서 시몽 바르브Simon Barbe는 향료가 든 리큐어에 관한 많은 레시피를 우리에게 제공한다. 극동에서는 술에 향료를 넣었는데 중국인들은 특히 장미와 생강을 사용했다. 시몽 바르브는 꽃, 향신료, 심지어 앰버, 머스크까지도 추천한다. 여기서 소개하는 세 가지 간단한 레시피를 알면 사용하는 원료에 따라 수많은 버전의 레시피를 만들어낼 수 있다. 에센셜 오일을 넣어 리큐어를 만들 수도 있지만, 알코올에 직접 침용하는 것이 더 용이하고 맛도 더 좋다. 말하자면 우리는 에센셜 오일 한 방울로 리큐어나 알코올의 맛을 더 돋울 수 있다. 예를 들면, 코냑에 장미 에센셜 오일을 한 방울 섞어주면 꽤 훌륭한 오리엔탈 느낌을 줄 수 있다. 베르가못이나 레몬 몇 방울로 케이크에 향을 입히려고 사용하는 훌륭한 시트러스 리큐어를 만들 수 있다.

장미 리큐어

먼저 '옛날식' 리큐어의 필수 요소인 설탕에 향을 입혀주어야 한다. 알코올과 마찬가지로 설탕은 보존제이자 흡수제 역할을 한다. 여기에서 소개하는 레시피는 바이올렛, 수선화, 히아신스, 장미, 오렌지꽃, 튜베로즈, 자스민 등 향기 나는 어떤 꽃으로도 만들 수 있다. 그중에서 특히 장미를 추천한다.

레시피

- 45도 알코올(예: 보드카)
- 향 장미
- 고운 설탕

꽃잎을 따서 2~3일 그늘에서 말린다. 되도록 아침 일찍 따야 한다(장미는 새벽에 더 향기롭다). 유약을 칠한 도자기 단지에 꽃잎을 설탕과 함께 층층이 쌓아 가득 채운다. 서늘한 곳에서 24시간, 햇볕에서 24시간 동안 둔다. 설탕이 장미즙을 흡수하면서 녹게 된다. 주스만 회수하려면 체에 밭쳐야 한다. 이 '달콤한 장미수'는 병에 보관하거나 알코올, 예를 들면 보드카를 각 50% 비율로 첨가하여 곧바로 리큐어로 만들 수도 있다. 리큐어를 1년 이상 숙성시킨다.

맑은 오렌지꽃주

레시피

- 증류주 또는 보드카　　1/2 L
- 오렌지꽃 워터　　　　　1/2 L
- 설탕　　　　　　　　　500g
- 시나몬, 클로브 버드

병에 증류주 또는 보드카로 반을 채우고, 오렌지꽃 워터로 나머지 반을 채운다. 그리고 설탕 500g, 시나몬 막대 1개, 클로브 버드 7~8개를 넣는다. 병을 막고 하루에 두 번씩 흔들어주면서 15일 동안 햇볕에 둔다. 여과 후 다시 병에 담아서 마개로 단단히 닫아둔다. 6개월 이상 우려낸 후에 마시도록 한다.

히포크라스
(향료를 넣은 포도주)

몰리에르가 그의 작품에서 자주 언급한 이 음료는 17세기에 아주 큰 인기를 끌었다. 맛도 좋은 데다 건강에도 좋았기 때문이다. 향기로운 리큐어이면서 동시에 만병통치약으로 사용되었다.

레시피

- 레드와인   1L
- 설탕   250g
- 우유   1스푼
- 레몬, 오렌지, 시나몬, 화이트 페퍼, 메이스(육두구 껍질), 코리안더, 클로브 버드

꼬뜨 뒤 론 côte du Rhône 같은 꽤 향이 진한 레드 와인 1리터를 준비한다. 거기에 설탕 250g, 시나몬 막대 1개, 클로브 버드 3~4개, 코리안더(씨) 한 꼬집, 메이스 1개, 화이트 페퍼 2~3알, 레몬즙 반 개, 말린 오렌지 제스트를 넣어준다. 반나절 정도 담가두었다가 우유 한 스푼을 넣고 혼합물이 맑아질 때까지 끓인다. 신선하게 바로 마시거나 하루를 활기차게 시작할 수 있는 아침 음료로 마신다.

향식초

과거에 식초는 향수나 향주香酒보다 더 많이 사용되었다. 식초로 피부를 산성화하면서 정화하기도 했다. 식초는 거의 알코올만큼 효과적으로 향을 잘 수용한다. 기절한 여성들이 의식을 되찾도록 해주던 그 유명한 소금(코르셋이 너무 꽉 조인 탓에 숨을 제대로 못 쉬던 여성들이 자주 기절하곤 했는데, 이들을 깨우기 위해 '기절 소금sels de pâmoison'이라 불리던 것을 사용했다.-역주)도 식초와 에센스로 만든 것이다. 여기서는 세 가지 용도의 식초 레시피를 소개하려 한다. 유명한 모데나 Modène 발사믹 식초를 상기시키는 테이블 식초와, 해수욕 후 실제로 일광 화상에 효과적인 진정제로 추천되는 피부를 위한 식초, 그리고 특별한 경우에 사용할 수 있는 식초를 소개하겠다.

오스만투스향 식초

레시피

· 와인식초	1L
· 오스만투스 에센셜 오일	5방울
· 간장	100ml
· 캐러멜	4 수프 스푼

이 레시피로 오늘날 많은 가정에서 즐겨 먹는 발사믹 식초보다 더 부드럽고 살짝 달콤한 식초를 만들 수 있다. 오스만투스를 넣어도 좋고, 더 고전적인 식초를 만들고 싶다면 타라곤향만을 넣어도 좋다. 설탕 4 수프 스푼으로 캐러멜을 만들어 적당하게 어두운색을 띠도록 한다. 품질 좋은 와인 식초 1리터를 그 위에 붓는다. 혼합물이 차가워지고 캐러멜이 식초 안에서 녹으면 간장 100ml와 오스만투스 에센셜 오일 5방울을 추가한다. 잘 섞어서 일주일간 두었다가 여과한다.

해수욕 후 식초

레시피

- 화이트와인 식초 또는 알코올 식초 1/2L
- 민트 에센셜 오일 5ml
- 알코올 20ml

식초 1/2L를 끓지 않을 정도로 가볍게 데운다. 그리고 미리 섞어둔 민트 에센셜 오일 5ml와 무수알코올 20ml를 그 위에 붓고 잘 저어준다. 해수욕장을 다녀와서 빨개진 피부의 열을 식혀주고 진정시키기 위해 식초로 가볍게 마사지한다.

여행 식초

레시피

- 알코올 식초 1L
- 소금 50g
- 유칼립투스 에센셜 오일
- 제라늄 에센셜 오일
- 갈바넘 에센셜 오일
- 라반딘 에센셜 오일
- 민트 에센셜 오일
- 알코올 50ml

이 레시피는 도로의 악취나 지하철과 같은 밀폐된 공간의 탁한 공기에 고통받는 사람들을 위한 것이다. 불쾌한 기분이나 광경들의 기억에서 벗어나고 싶고, 사하라나 아타카마 사막 같은 곳에서 고단한 하루를 보내고 돌아와 향수를 뿌리고 싶거나 낮잠을 자고 난 뒤 기분 좋은 향을 맡으며 깨어나고 싶은 사람들을 위한 레시피이기도 하다.

성분들은 강력하고 매우 푸릇푸릇하다. 아주 우아하지는 않지만, 제라늄이 들어 있어 파리와 모기를 쫓아준다. 로맨틱한 밤을 위해 사용하지는 않기를…… 식초의 양을 반으로 줄인 다음 소금 50g과 90도 알코올 50ml를 넣고 각각의 에센셜 오일 40방울로 희석해준다. 3개월 동안 숙성시킨다.

용어

앱솔루트Absolue:

일반적으로 '앱솔루트'라고 하는 앱솔루트 에센스는 콘크리트나 레지노이드를 알코올 추출하여 얻는다. 알코올성 제제에 사용할 수 없는 왁스 성분을 제거하기 위해 에탄올로 세척하는 과정을 거쳐야 한다. 그리고 나서 용액을 냉각한 다음 여과하여 왁스를 제거하고 마지막으로 알코올을 제거하기 위해 감압 증류로 농축한다.

어코드Accord:

조향에서 두 개 이상의 노트가 혼합되어 만들어지는 후각 효과를 말한다. 어코드의 조화는 조합된 노트들 간의 밸런스가 좌우한다.

시트러스 계열Agrume:

감귤, 오렌지, 레몬, 라임, 베르가못, 자몽, 시트론, 만다린 류에 속하는 모든 시트러스 과일을 지칭하는 일반 용어이다.

알람빅Alambic:

수증기 연동에 의한 원재료 증류에 사용되는 장치이다.

알코올Alcool:

사탕무 또는 곡물로 만든 알코올은 조향에서 중성 용매제로 사용된다. 알코올은 향수가 피부에 스며들게 하고 향수 농축액의 오일리한 느낌을 없애준다. 휘발성이 매우 강한 알코올은 빠르게 증발하면서 향을 발산시킨다.

알데하이드Aldéhydes:

조향에서 많이 언급되는 지방족 알데하이드는 매우 강한 합성 제품들로 각각의 향과 상관없이 향 구성에 강력한 확산력을 제공한다. 알데하이드 덕분에 조향사의 향기 팔레트가 확장될 수 있었다. 조향사들이 사용하면서 "알데하이드" 타입 향수를 탄생시켰고, 그중 가장 유명한 향수가 샤넬의 'N°5'이다.

후각 상실증Anosmie:

후각 상실을 일컫는 의학 용어이다.

관수기Aspersoir:

긴 금속 목이 달린, 자기 혹은 유리로 된 이 용기는 아랍의 손님맞이용 전통 액세서리이다. 특히 실내를 향기롭게 하기 위해 바닥에 아로마 워터(오렌지꽃, 장미, 자스민 등)를 뿌릴 때 사용했다. 16세기 스페인에서도 잘 알려진 '알모라타Almorata'는 좀 더 넓은 형태의 유리병으로 장미수가 방울방울 나오는 여러 개의 가느다란 튜브가 병에 붙어 있다.

아타르Atar:

두 세기 전부터 전통적인 인도 조향의 특징인 아타르는 여러 재료로 만들어진 향 구성이다. 주로 꽃, 식물, 다양한 향신료 또는 머스크, 앰버로 향을 낸 샌달우드 에센셜 오일이다.

아토마이저Atomiseur:

향수를 매우 미세하게 분무하는 장치이다.

발사믹Balsamique:

단맛과 아주 약간의 바닐라 향이 나는 수지를 떠올리는 향을 발사믹 향이라고 한다. 톨루발삼 같은 특정 발삼이 들어가면 특히 이러한 후각 효과가 난다.

베이스Base:

조향사가 향수를 쉽게 조성할 수 있도록 자연향이나 고전적인 향수 구성을 모방해서 만든 기본 향 구조를 말한다. 인동덩굴Chèvrefeuille 베이스, 시프레Chypre 베이스가 그 예이다.

발삼Baume:

특정 식물에서 삼출된 수액의 이름이다. 조향에서 발삼은 고무와 덜 단단한 형태의 수지에 해당한다.

우디Boisé:

시더우드, 샌달우드, 머스크, 베티버, 패출리 또는 오크모스 향처럼 풍부하고 풍성한 나무 향을 연상시키는 후각 효과를 묘사하기 위해 사용하는 용어이다(그러나 꼭 나무에서 추출된 것은 아니다).

브루Brout:

오렌지나무의 어린잎을 가리킨다. 이 용어는 또한 페티그레인 에센셜 오일을 얻기 위해 증류하는 오렌지나무의 잔가지를 지칭하는데, 그 증류수를 '오드브루Eau de Brout'라고 한다.

후각구 Bulbe olfactif:

후각 뉴런으로부터 후각 정보 혹은 전기신호를 받아 이를 변연계를 통해 다른 뇌 영역으로 전달하는 뇌의 아주 작은 영역을 지칭하는 용어이다.

자극적인 Capiteux:

감각의 과도한 흥분을 일으키는 향기, 향 구성, 향수를 지칭하기 위해 사용하는 용어이다.

크로마토그래피 Chromatographie:

원재료의 다양한 화학 성분을 산정하고 식별하기 위한 과학적인 기법이다.

시프레 Chypre:

이 용어는 1917년 프랑수아 코티 François Coty의 유명한 향수 '시프레 Chypre'에서 유래했다. 이 향수는 큰 성공을 거둬 하나의 향수 계열을 탄생시켰다. 시프레 향수 계열은 주로 오크모스, 패츌리, 시스테, 랍다넘, 베르가못 등을 중심으로 하는 어코드로 구성된다.

콜로뉴 Cologne:

주로 감귤류, 라벤더, 허브 계열의 휘발성이 높은 에센셜 오일을 함유하는 가벼운 향수에 주어진 이름이다.

코뮈넬 Communelle:

균일한 품질의 제품을 얻기 위해 에센셜 오일 또는 원재료의 다양한 묶음을 조합하는 작업을 말한다.

구성 Composition:

향수를 구성하고 있는 여러 제품(천연, 합성 또는 베이스)의 혼합물을 말한다.

농축액 Concentré:

준비 작업이 끝난, 아직 알코올에 용해되기 전의 향수 구성을 말한다. 농축액은 엑스트레드퍼퓸, 오드퍼퓸, 오드뚜알렛, 로션, 파우더, 비누 등을 제조하는 데 사용된다.

콘크리트 Concrète:

일부 식물 원료(자스민, 로즈 등)의 향료 성분을 휘발성 용매제로 추출하여 얻은 왁스 물질을 말한다. 콘크리트를 증류 및 정제해서 앱솔루트를 얻을 수 있다.

카피 Contretype:

구성을 재현하거나 모방한 것을 말한다.

레더 Cuir:

러시아산 가죽 느낌이 나는 특정한 향을 지칭하기 위해 사용하는 용어이다. 이 레더 향수들은 지난 세기에 사향 냄새로 유명했다. 아주 드라이한 이 노트는 가죽의 독특한 향(연기, 불에 탄 나무, 자작나무, 담배 등)을 재현하고, 자주 플로럴한 탑노트와 블랜딩 된다.

헤드노트 Départ:

이 용어는 향수의 탑노트를 가리킨다. 휘발성이 강한 특정 원료로 구성된 향수를 사용할 때 처음 인식되는 후각적인 인상을 말한다.

확산시키다 Diffuser:

대기에 향을 퍼뜨리는 것을 나타내는 동사이다. 향수는 질량감과 함께 후각적인 조화를 형성하면서 잘 조합된 노트를 확산시켜야 한다.

증류 Distillation:

또는 수증기 증류. 향 원료로부터 에센셜 오일을 얻기 위한 수증기 연동의 전통적인 방식이다.

지배적인 Dominante:

향기 구성 중 후각적인 관점에서 가장 잘 인식되는 노트, 정확하게는 어코드를 지칭하는 용어이다. (예: 장미가 지배적인 플로럴 어코드)

용량 Dosage:

향수 구성을 만들면서 최적의 후각적인 조화를 얻기 위해 혼합물의 다양한 구성 성분에 필요한 유동적이고 비례적인 양을 말한다.

오드퍼퓸 Eau de Parfum:

오드뚜알렛보다 더 농축된 버전으로, 무수알코올에 용해된 부향률 12~15%의 향수를 말한다.

향기 Effluve:

향수 구성에서 자연적으로 발산되는 향.

방부 처리를 하다 Embaumer:

일반적으로는 '발사믹하고 감미로운 향을 풍긴다'라는 의미로 사용된다. (시체 보존을 위한 테크닉 : 미이라)

냉침법 Enfleurage:

동물성 지방에 꽃잎을 포화시켜 만든 앱솔루트를 냉추출하는 오래된 기술이다. 향기를 흡수하는 성질이 있는 지방을 알코올과 혼합한 다음 가열했다가 다시 식힌다. 알코올은 증발된 상태로, 혼합물을 여과하여 잔여물을 제거한다.

스파이시 Épicé:

육두구(넛맥), 계피(시나몬), 정향(클로브 버드), 후추(페퍼) 등과 같은 향신료를 연상시키는 후각 효과를 가리킨다. 더 포괄적으로 이러한 향신료 향을 특징으로 하는 향수 계열을 지칭하는 용어이기도 하다.

후각 밸런스 Equilibre olfactif:

하나의 성분이 다른 성분을 지배하지 않고 조화로운 느낌을 주는 향수 성분의 조합을 말한다.

에스프리드퍼퓸 Esprit de parfum:

오드뚜알렛보다 부향률이 더 높은 버전을 말하는 현대 용어이다. (cf. 오드퍼퓸)

에센스 Essence:

에센셜 오일 및 기타 조향 원료를 가리키는 일반적인 용어이다. 수증기 증류법이나 냉침법, (시트러스 계열을 예로 들면) 압착법을 통해 방향 식물을 추출해서 얻은 제품을 말한다.

압착법 Expression:

에센스를 추출하기 위해 시트러스류 과일 제스트(껍질)를 냉압착하는 기술이다.

엑스트레 Extrait:

농축 향수에 대해 말할 때 가장 많이 사용되는 용어이다. 무수알코올에 용해된 농축액 20~40%을 포함하는, 가장 진하고 순수한 알코올 베이스 향수를 뜻하는 말이다. 다음으로 오드퍼퓸, 오드뚜알렛, 콜로뉴 순서로 농축액 비율이 낮아진다.

계열 Familles:

전통적으로 향수 계열은 헤스페리데, 푸제르, 플로럴, 우디, 앰버, 시프레, 레더 이렇게 7가지로 분류된다.

피날레 Finale:

일반적으로 향수의 마지막 단계는 베이스노트라 불린다. 베이스노트는 향의 지속성, 향수의 정수로 정의된다. 베이스노트의 구성 요소는 탑노트(향의 도약)와 미들노트(향의 전개)에 사용된 구성 요소보다 휘발성이 낮다.

고정제 Fixateur:

증발 과정을 늦추면서 구성의 후각 지속성을 높이는, 기화력 낮은 천연 또는 합성 향료를 지칭한다. 다소 적절하지 않은 용어이다.

화이트 플로럴 Fleurs blanches:

화이트 꽃 한다발 그 이상인, 화이트 플로럴 어코드는 푸제르와 시프레처럼 구성의 한 종류 base이다. 꽃 노트 안에서 식별될 수 있는 지배적인 노트가 없는, 플로럴-프루티-우디한 어코드이다.

푸제르 Fougères :

오크모스, 쿠마린, 라벤더, 우디, 건초 또는 타바코 노트로 이루어진 어코드에 붙이는 이름으로 '푸제르(고사리류)'와는 전혀 상관없지만 나무 아래의 향을 연상시킨다.

프래그런스 Fragrance:

'냄새가 나다 sentir'를 뜻하는 라틴어 'fragare'는 향수 구성의 기분 좋은 유쾌한 향을 가리킨다. 오늘날 이 용어는 향수의 동의어로도 쓰인다.

훈증 Fumigation:

향나무(시더우스, 샌달우드, 우드 Oud, 수지(프랑킨센스, 안식향, 갈바넘, 랍다넘, 미르 등), 향신료 파우더(타임, 월계수, 정향 등), 방향수 또는 향수 구성을 태워서 얻어지는 향 연기 또는 증기를 만들어내는 것을 말한다. 고대에 훈증의 주요 기능은 종교적이고 신성하며 치료적이고 또한 세속적이었다. 인센스 스틱이 바로 훈증의 예이다.

냉각 Glaçage:

용해성이 가장 낮은 물질(식물성 왁스)의 침전을 용이하게 하기 위해 알코올 용액을 0°C 이하로 차갑게 만드는 작업으로, 여과 후 안정적이고 매우 맑은 제품을 얻을 수 있다.

고무 Gomme:

특정 나무나 관목에서 흘러내리는 점액성 물질로, 향수 구성에서 주로 부드러운 연결제로 사용된다.

하모니 Harmonie:

향수의 하모니는 모든 성분의 휘발성이 동일하지 않기 때문에 균형 있게 진전되는 동시 화음(어코드) 멜로디이다.

헤드스페이스Head-space:

직역하면 '머리 공간'이라는 뜻의 영어 용어이다. 방의 공기와 같은 무생물 재료 또는 꽃과 식물을 채취하지 않고 다양한 휘발성 방향 분자를 식별하도록 해주는 현대식 분석 기법이다. 사용되는 기술은 '포유장치'라 한다. 따라서 합성 제품 덕분에 때때로 실험실에서 매우 충실한 방식으로 포획된 향을 재구성할 수 있다.

헤스페리데Hespéridées:

그리스 신들의 정원을 가리키는 용어로, 조향에서는 향수 계열 또는 노트의 유형을 의미하며 감귤류(베르가못, 레몬, 오렌지, 자몽, 만다린 등)의 제스트(껍질)를 압착해서 얻은 에센스를 지칭한다. 최초의 '오드콜로뉴'가 바로 헤스페리데 계열이다.

에센셜 오일 Huiles essentielles:

식물을 수증기 증류 추출하여 얻은 휘발성 아로마 농축 에센스를 말한다.

인퓨전Infusion:

알코올성 액체(에탄올)에 고체 원료, 예를 들면, 머스크, 시베트, 해리향, 앰버 등을 6개월 이상 장기간 접촉시켜 주요 가용성 성분을 차갑게 용해시키는 작업을 말한다.

이졸라Isolat:

식물의 에센셜 오일로부터 분할 증류법을 통해 얻은 방향물질을 말한다.

주스Jus:

향수를 지칭하기 위해 일반적으로 사용하는 용어이다.

키피Kyphi:

지중해 남부 유역에서 가장 유명한 고대의 향수 구성이다. 훈증에 사용하거나 와인 같은 음료와 혼합하여 마시는 등 신성하고도 세속적 치료적 목적(향정신성 작용까지)으로 사용되었다.

코도Kodo:

'향의 길'이라는 뜻의 일본 보드게임이다. 먼저 따뜻한 숯이 담긴 향로에 놓인 운모지 위에 향이 나는 작은 나무 조각들을 배치한다. 열에 의해 발산되는 향을 추측해서 해당되는 식물로 장식된 칩을 비단 봉투에 담는다. 봉투를 열어 승자를 가린다.

마서레이션 Macération:

 알코올 농축액을 몇 주 또는 몇 달 동안 큰 통 안에 가만히 두는 기법이다. 이 작업은 최적의 향기 품질을 얻고 알코올 냄새를 제거하도록 해준다.

미아즈마 Miasme:

 부패하면서 발생하는 악취를 말한다.

변조제 Modificateur:

 후각 구조의 중심 테마에 변화를 주거나 더 아름답게 만들기 위해 사용되는 중간 휘발성을 가진 향료를 지칭한다. 이 명칭은 향료의 기화 시간에 기반한 구성 방법을 위해 조향사 장 카를 J. Carles이 고안한 데에서 유래했다.

올라오는 Montante:

 즉각 코로 '올라오는' 매우 휘발성이 강한 향수의 탑노트를 규정하는 용어다. 자몽 같은 헤스페리데 노트, 민트 같은 그린 노트 또는 캠퍼 노트를 말한다.

시향지 Mouillette:

 향기의 특성을 감정하기 위해 연구소나 향수판매점에서 사용되는, 흡습성 여과지(압지)로 만든 얇은 띠지를 말한다.

나드 Nard:

 고대에 발레리안, 스파이크 라벤더 같은 특정 식물을 가리켰던 용어이다. 또한 자타만시 Jatamansi를 가리키기도 했다. 중세 시대에 고품질, 고가의 향수로 여겨진 나드의 후각 구성은 완전하게 다 정의되지 않은 채 남아 있다.

코, 조향사 Nez:

 산스크리트어로 'nasa'는 향수라는 의미이다. 이 용어는 크리에이터-조향사를 지칭하는 미디어 용어로, 향기를 식별하고 조화롭게 할 수 있는 "코nez"를 가진 사람을 말한다.

노트Notes:

노트가 향수의 구성 자체를 결정한다. 탑노트(빨리 사라지는 지속력), 미들노트(중간 지속력), 베이스노트(강한 지속력)로 나뉜다.

후각의Olfactif:

향과 후각에 관련된 것을 말한다.

온스Once:

영어 단위로 1온스는 30ml에 해당한다. 향수병 뒷면에는 무게 온스(28.35g)와 구별하기 위해 '플루이드 온스Fluid Ounce(액량온스)'를 뜻하는 'FL OZ'가 표시되어 있다.

연고Onguent:

성스러운 목적, 세속적인 목적, 치료 목적으로 사용되거나 조향에 사용되는 수지, 수액 또는 식물성 분말이 섞인 유지(으일, 왁스, 지방)를 말한다. 고대에 연고는 흔히 약효가 있는 향수였다. 중세에는 만병통치약처럼 사용되었다.

조향 오르간 Orgue à parfum:

다양한 원재료 용기를 진열하는 반원형의 수납 가구이다.

오스모테크Osmothèque:

프랑스 조향사 협회Société Française des Parfumeurs의 기술 위원회가 1990년 베르사유에 설립한 향수 기록 보관소로, 향수에 대한 기억을 영구히 보존하기 위해 현대의 향수와 지금은 사라진 과거의 향수까지 600개 이상의 향수 컬렉션을 소장하고 있다.

36 rue du Parc de Clagny
78000 VERSAILLES
전화: 013-955-4699
예약방문

키프로스의 새 Oyselet de chypre:

키프로스Chypre섬의 랍다넘 수지를 포함하여 다양한 방향 수지로 구성된, 새 모양으로 빚은 아로마 페이스트이다. 오슬렛은 포푸리의 선조로 장식품과 실내 향수로 사용되었다.

팔레트Palette:

향수 크리에이터가 사용하는 원료 전체를 말한다. 약 2,000개의 성분을 뜻하며 그중 4분의 1이 천연 원료이다.

향수Parfum:

조향사의 창작 결과물이다. 원료를 능숙하게 배합한 구성으로, 원료는 조화로운 향기를 얻기 위해 상보적이다.

커스터마이즈 Personnaliser:

창작자 또는 향수를 뿌리는 사람의 취향에 따라 구성의 독창성을 개발하고 강조하는 것.

페로몬 Phéromones:

남성과 여성 사이에 유혹하는 자극제로 작용하는 물질이다.

사랑의 묘약 Philtre:

사랑을 불러일으키는 마법의 음료로 사용되는 비밀스럽게 배합된 구성을 뜻한다.

포마드 Pommade:

'냉침법'이라 불리는 옛 방식을 이용해 꽃의 방향 입자를 유지에 흡수시켜 얻은 향수 밤.

파우더리 Poudrée:

어떤 향에서 파우더 비슷한 느낌이 날 때 '파우더리'한 향이라고 말한다. 이는 향수에 담긴 특유한 구성이라기보다 할머니의 파우더처럼 무언가 연상시키는 향에 관한 것이다. 아이리스 버터 앱솔루트, 바이올렛, 쿠마린과 같은 일부 원료가 이러한 특성을 가지고 있다.

재구성 Reconstitution:

전통적인 용제 추출이나 증류 과정으로는 방향 분자를 얻을 수 없거나(패랭이꽃, 은방울꽃 등) 값이 매우 비싸서 구하기가 힘든(샌달우드) 식물이나 꽃, 또는 사용이 금지된(사향) 원재료의 향을 재현하는 구성을 말한다.

레지노이드 Résinoïde:

특정 발삼, 뿌리, 이끼, 수지, 나무, 뿌리줄기, 고무를 휘발성 용매제로 추출하여 얻은 고형 또는 반고형 수지 제품을 말한다. 레지노이드는 주로 향수의 베이스노트에 사용된다.

잔향 Sillage:

향수를 뿌린 사람이 지나가면서 공기 중에 남긴 향의 인상을 말한다. 신비한 방법으로 공기 중에 펼쳐진 이 향수 베일은 관심을 끌어당긴다.

솔리플로르 Soliflore:

자연의 향을 양식화stylisation하여 '모사'하기 위해 단 하나의 플로럴 노트를 베이스로 하는 구성을 말한다. (자스민, 장미, 은방울꽃 등)

프랑스 조향사 협회 S.F.P:

1942년에 설립된 프랑스 조향사 협회 Société Française des Parfumeurs는 조향사-크리에이터, 기술전문가 및 무역상뿐만 아니라 향수 관련 업에 종사하는 다양한 사람들을 통합한다. 협회의 역할은 프랑스 향수의 품질과 명성을 증진시키고, 일반적 관심의 예술적, 과학적인 차원에서 연구와 정보를 개발하고 장려하는 것이다.

용매제 Solvants:

특정 식물의 방향 성분을 용해해서 추출할 수 있도록 하는 액체 화학물질이다. 오드뚜알렛처럼 다양한 농도의 제품을 만들 때 농축물을 희석하기 위해 에탄올 같은 '매체 supports' 용매제를 사용하기도 한다.

합성물 Synthèse:

천연 물질이나 석유 제품을 분할하여 얻은 합성 원료는 오늘날 크리에이터-조향사들이 아주 많이 사용한다. 상대적으로 값이 저렴한 합성 원료는 무엇보다 새로운 향기 어코드를 가능케 하는 성공의 수단이다.

팅크 Teinture:

알코올 용액에 오랜 시간 접촉시켜 고형물의 가용 부분을 따뜻하게 또는 차갑게 용해하는 인퓨전 Infusion과 유사한 작업이다.

지속성 Ténacité:

시간 안에서 지속되는 향수의 특성을 말한다.

테르펜 Terpène:

에센셜 오일에 다량으로 함유된, 매우 쉽게 산화되는 탄화수소를 말한다.

변질되다 Virer:

공기, 빛, 열 또는 시간 경과로 인해 산화되어 향수 본래의 향과 색이 변할 때 향수가 '변질되었다'고 한다.

휘발성 Volatil:

빠르게 증발하는 향을 가리킨다.

제스트 Zeste:

레몬, 만다린, 오렌지, 베르가못, 라임, 자몽 등 감귤류(헤스페리디움) 과일의 껍질을 말하며, 이 껍질을 추출하여 에센스를 얻는다.

참고문헌

Ackeman, *Le livre des sens*, Grasset, 1990

Bacrie Lydia, **Neuville** Virginie, *Voyage aux pays des épices*, Hachette, 2000

Barbe Simon, *Le Parfumeur royal* (éd. 1699), Klincksiek, 1992

Bardey Catherine, *Savons et parfums faits maison*, Könemann, 2000

Barillé Elisabeth, *Coty*, Assouline, 1995

Bassiri Taghi, *Introduction à l'étude des parfums*, Masson, 1960

Beau-Douëzy Jean-Philippe, **Cambornac** Michel, *Néblina de brumes et de senteurs*, La Martinière, 1999

Bizzozero Vittorio, *L'Univers des odeurs*, Georg éditeur, 1997

Blaizot Pierre, *Parfums et parfumeurs*, Editions du Layet, 1982

Borget Marc, *Les plantes tropicales à épices*, Edition Maisonneuve et Larose, 1991

Boshung Nicole, **Giraud** Michèle, *Le Jardin parfumé*, Bordas, 1999

Boudonnat Louise, **Kushizaki** Harumi, *La Voie de l'encens*, Editions Philippe Picquier, 2000

Bremness Lesley, *Le livre des herbes*, Hachette, 1989

Caron Lambert Alice, *Délices de fleurs*, Somogy Editions d'Art, 2000

Charabot Eugène, *Les parfums artificiels*, J.B. Baillière et Fils, 1900

Chastrette Maurice, *L'art des parfums*, Hachette, 1995

Clair Colin, *Dictionnaire des herbes et des épices*, Denoël, 1963

Cola Félix, *Le livre du parfumeur*, Editions du Layet, 1980

Corbin Alain, *Le Miasme et la Jonquille*, Aubier-Montaigne, 1982

Degaudenzi Jean-Louis, *Les recettes de Nostradamus*, Editions Joëlle Losfeld, 1999

Dejean Antoine, *Traité des odeurs*, Paris, 1788

Delbourg-Delphis Marylène, *Le Sillage des élégantes*, Jean-Claude Lattès, 1983

Faure Paul, *Parfums et aromates de l'Antiquité*, Librairie Arthème Fayard, 1987

Goudot-Perrot Andrée, *Les Organes des sens*, Centre Triades, 1979

Green Annette, **Dyett** Linda, *Secrets des bijoux parfumés*, Flammarion, 1998

Gunether Ernest, *The Essential Oils (6 vol.)*, D.Van Nostrand Company, 1948

Jaubert Jean-Noël, **Duchesne** Jocelyne, *Découvrons les odeurs*, Nathan, 1989

Jellinek J.Stephan, *L'Ame du parfum*, Editions Images, 1992

Jorek Norbert, *Epices et plantes aromatiques*, Hatier, 1983

Kaiser Roman, *The scent of Orchids, Givaudan-Roure*, Editions Roche, 1993

Lacey Stephen, *Le Jardin et ses parfums*, La maison rustique, 1991

Laroze Catherine, *Une histoire sensuelle des jardins*, Olivier Orban, 1990

Le Guerer Annick, *Les pouvoirs de l'odeur*, Editions Odile Jacob, 1998

Le Magnen J., *Odeurs et Parfums*, PUF, 1951

Loaëc Marie-Hélène, *Aromatiques*, Hachette, 2000

Manniche Lise, *Sacred Luxuries*, Opus publishing, 1999

Meurdrac Marie, *La chymie charitable et facile, en faveur des dames*, CNRS éditions, 1999

Meurgues Geneviève (dir.), *Parfums de plantes*, Muséum national d'histoire naturelle, 1998

Morris Edwin T., *Fragrance, The story of perfume from cleopatra to Chanel*, Macmillan Library Reference, 1984

Musset Danielle, **Fabre-Vassas** Claudine, *Odeurs et parfums*, editions de CTHS, 1999

Ninio Jacques, *L'Empreinte des sens*, Editions Odile Jacob, 1991

Nuridsany Catherine, *Les parfums du jardin*, La Maison rustique, 1998

Ohrbach Barbara, *Des senteurs pour la maison*, Editions du Chêne, 1988

Onfray Michel, *L'art de jouir*, Grasset, 1991

Otto M.P., *L'industrie des parfums*, Dunid, 1924

Piesse Septimus, *La Chimie des parfums et fabrication des essences*, J.B. Baillière et Fils, 1909

Polunin Miriam, **Robbins** Christopher, *La Pharmacie naturelle*, Editions Minerva, 1993

Ramesh Gita, *Massage ayurvedique avec les plantes*, Guy Trédaniel éditeur, 2000

Raynal Abbé, *Epices et produits coloniaux*, Editions la Bibliothèque, 1992

Rimmel Eugène, *Le livre des parfums*, Edition Comédit, 1995

Robert Guy, *Les Sens du parfum*, Edition OEM, 2000

Roudnistka Edmond, *Introduction à une esthétique de l'odorat*, PUF, 1977

Roudnistka Edmond, *Le Parfum*, PUF, 1980

Sedir, *Les plantes magiques*, Editions la Table d'Emeraude, 1986

Serres Michel, *Les Cinqs Sens*, Grasset, 1985

Vignaud Jacques, *Sentir*, PUF, 1982

Villoresi Lorenzo, *Il Profumo*, Ponte Alle Grazie, 1995

유용한 주소

대표기관:

프랑스 조향사 협회
Société Française des Parfumeurs

36 rue du Parc de Clagny
78000 VERSAILLES
전화: 013-955-4699

오스모테크Osmothèque

36 rue du Parc de Clagny
78000 VERSAILLES
전화: 013-955-4699

프래그런스 재단The Fragrance Foundation

60 E 56TH ST - 5TH FLOOR
NEW YORK, NY 10022
전화 212-725-2755
웹사이트: www.fragrance.org

학교:

ISIPCA(베르사유 조향학교)

36 rue du Parc de Clagny
78000 Versailles
전화,팩스: 013-954-2727

ECOLE SUPÉRIEURE DE LA PARFUMERIE

13 rue Miollis
75015 Paris
전화: 014-273-5815

몽펠리에 대학교Université de Montpellier

163 rue Auguste Broussonnet
34090 Montpellier
전화: 046-741-7400

르아브르 대학교Université Le Havre

25 rue Philippe Lebon
76063 Le Havre Cedex France
전화: 023-274-4000

니꼴라드바리 NICOLAS DE BARRY
마스터 클래스

니꼴라드바리는 루아르 계곡le Val de Loire의 캉드생마르탱Candes Saint Martin에 있는 자신의 아틀리에와 프로방스에 있는 센티플로르 연구소Laboratoire Centiflor에서 마스터 클래스를 제공하고 있다. 또한 해외에서는, 마데이라의 레이즈 팰리스(오리엔트 익스프레스 그룹), 발리의 세인트 레지스 리조트(스타우드 그룹), 뉴델리의 타지 팰리스, 생모리츠의 쿨름 팰리스와 같은 특급 호텔에서도 마스터 클래스를 진행하고 있다.

일반적으로 마스터 클래스는 5일간 진행되며, 이 과정은 천연 향수의 실용적인 구성에 대한 교육을 원하는 '조향에 조예가 있는 일반인'과 전문가들을 위한 것이다.

더 많은 정보는 www.nicolasdebarry.com에서 얻을 수 있다.

감사 인사

 조향사로 경력을 쌓아오면서 여러 시기에 저에게 도움을 주고 귀중한 조언을 해주신 에드몽 루드니츠카Edmond Roudnitska, 장 케를레오Jean Kerléo, 프랑수아즈 마랭Françoise Marin, 로드리그 로마니Rodrigue Romani, 조르주 페랑도Georges Ferrando, 샤를 카뤼소Charles Caruso, 제롬 마세이Jérôme Massei에게, 그리고 이 책을 제작하는 데 도움을 주신 폴린 에슈니에Pauline Eychenié에게 감사를 전합니다.

Credit

ⓒ니꼴라드바리Nicolas de Barry 소장: 7, 8, 35, 36, 72, 73, 75, 76, 77, 81, 85, 88, 91, 92, 95, 96, 99, 103, 104, 107, 108, 111, 112, 123, 124, 126, 129, 130, 134, 135, 137, 140, 151페이지

ⓒ어도비스톡Adobestock: 28, 31, 41, 70, 71, 78, 87, 100, 115, 116, 117, 118, 119, 120, 121, 127, 133, 138, 139, 143, 149, 153, 154, 156, 158, 161페이지

ⓒ로베르테Robertet: 32페이지

ⓒ겔랑Guerlain: 34페이지

CANDES

31 route de Compostelle

37500 Candes Saint Martin

니꼴라드바리의 예술적 향수

초판 1쇄 인쇄 2023년 7월 14일
초판 1쇄 발행 2023년 7월 20일

지은이 니꼴라드바리
옮긴이 강연희, 유상희
펴낸이 강연희
디자인 함서경

펴낸곳 샹다롬 에디션
출판등록 2023년 6월 20일 제2023-000200호
주소 서울시 강남구 강남대로 642, 송천빌딩 6층
전화 +82 (0)70 4220 2155
이메일 ceo@champsdarome.com
홈페이지 www.champsdarome.com
　　　　　www.샹다롬.com

ISBN 979-11-98375-60-5 (13590)

이 책은 저작권법에 따라 보호를 받는 저작물이므로 무단 전재와 복제를 금지하며,
이 책 내용의 전부 또는 일부를 사용하려면 반드시 샹다롬 에디션의 서면 동의를 받아야 합니다.
파손된 책은 구입하신 서점에서 교환해 드리며 책값은 뒤표지에 있습니다.